普通高等教育“新工科”系列规划教材
暨智能制造领域人才培养“十四五”规划教材

NI myRIO入门与进阶教程

王素娟　屠子美　秦　琴　主编

华中科技大学出版社
中国·武汉

内容简介

NI myRIO是NI公司针对教学和学生创新应用而推出的嵌入式系统开发平台，旨在帮助学生在很短时间内完成真实工程系统设计。本书具体介绍如何从零开始进行基于NI myRIO-1900和LabVIEW的嵌入式系统开发。全书分为分立元件、总线连接和综合练习三个部分，其中分立元件和总线连接部分包括元件介绍、示例程序和习题，综合练习分系统要求、硬件组成和软件实现三部分阐述。本书所用实例贴近实际应用，易于理解和接受。

本书可作为高等工科院校电气与电子信息类、自动化类、机电一体化类各专业的教材，又可作为学生创新项目开发的自学参考书，还可作为嵌入式应用系统设计开发人员的岗位培训教材。

图书在版编目(CIP)数据

NI myRIO入门与进阶教程/王素娟，屠子美，秦琴主编. —武汉：华中科技大学出版社，2020.11
ISBN 978-7-5680-6741-6

Ⅰ.①N… Ⅱ.①王… ②屠… ③秦… Ⅲ.①可编程序控制器-教材 Ⅳ.①TM571.61

中国版本图书馆CIP数据核字(2020)第222951号

NI myRIO入门与进阶教程 王素娟 屠子美 秦琴 主编
NI myRIO Rumen yu Jinjie Jiaocheng

策划编辑：张少奇
责任编辑：吴 晗
封面设计：原色设计
责任监印：周治超
出版发行：华中科技大学出版社(中国·武汉) 电话：(027)81321913
武汉市东湖新技术开发区华工科技园 邮编：430223
录 排：武汉三月禾文化传播有限公司
印 刷：武汉市首壹印务有限公司
开 本：787mm×1092mm 1/16
印 张：8.25
字 数：206千字
版 次：2020年11月第1版第1次印刷
定 价：29.80元

前　言

NI myRIO 作为 NI“口袋实验室”系列针对嵌入式控制学习及应用的设备，具有成本低、小巧便携、可以满足学生随时随地开展工程创新实践的特点。NI myRIO 包含模拟 I/O、数字 I/O、板载加速度计、Xilinx FPGA 以及双核 ARM Cortex-A9 处理器，有些还包含 WiFi 支持。可以使用 LabVIEW 或 C 语言对 myRIO 进行编程。myRIO 配置合适的分立或集成元件即可用于实时嵌入式控制、机电一体化、机器人、视觉处理等课程教学和课外创新实践。本书将具体介绍如何从零开始进行基于 NI myRIO-1900 和 LabVIEW 的嵌入式系统开发。

本书从分立元件开始，到总线连接，再到综合练习，由入门到进阶，由简单到复杂，一步步引导学生学习使用 myRIO 软硬件平台搭建和真实工程系统设计。其中 1～4 章分别选取了典型的分立 LED、按钮开关、电位器和光敏电阻来介绍 myRIO 对单个数字输出、数字输入、模拟输出、模拟输入信号的处理；第 5 章通过蜂鸣器介绍 myRIO 的 PWM 输出端口的使用；第 6 章通过矩阵键盘介绍多个数字输入信号的处理；第 7～9 章通过基于 I2C 接口的 LCD 液晶显示器、EEPROM 存储器和 RFID 读取器介绍了 myRIO 对 I2C、SPI 和 UART 总线接口的处理方式；第 10 章通过 7 个综合练习，在巩固前 9 章的内容的同时，完成真实工程系统实战训练。

在内容的编排上本书采取案例编排形式，其中第 1～9 章每章内容均包括元件介绍、示例程序和习题三部分；第 10 章综合练习对系统要求、硬件组成和软件实现三部分进行阐述，为了帮助学生深入理解综合系统的设计方法，第 10.1 节特意介绍了 LabVIEW 的几种设计模式。章节间存在承继关系，即前面章节学到的内容会编排到后面章节的习题中去，通过一步步的练习，使学生具备完成设计复杂嵌入式系统的能力。

本书示例程序使用的是 LabVIEW 专为处理数字输出、数字输入、模拟输出、模拟输入、I2C、SPI、UART 等设计的 Express VI，这样做的好处是学生在使用时不用考虑具体时序和底层代码，而且使用很少的步骤就能搭建出功能完善的系统，上手快。如果想设计自己的底层代码处理程序，本书附录附有 LCD1602、I2C 总线、SPI 总线工作原理说明，可供读者自学设计相应底层代码时参考。

本书由上海第二工业大学长期从事虚拟仪器教学工作的一线教师合作编写。书中绝大多数示例通过了实验验证，所用软件为 LabVIEW 2016。由于编者水平有限，书中漏误在所难免，殷切期望读者批评指正（请发邮件至 sjwang@sspu. edu. cn）。

编　者

2020 年 8 月

目　录

第 0 章 NI myRIO 简介

NI myRIO 是 NI 公司针对教学和学生创新应用而推出的嵌入式系统开发平台。NI myRIO 内嵌 Xilinx Zynq 芯片，使学生可以利用双核 ARM Cortex-A9 处理器和现场可编程门阵列 Xilinx FPGA 定制输入/输出(I/O)，学习从简单嵌入式系统开发到具有一定复杂度的系统设计。

NI myRIO 作为可重新配置、可重复使用的教学工具，具有以下重要特点：

- 易于上手使用：引导性的安装和启动界面可使学生更快地熟悉操作，帮助学生学习众多工程概念，完成设计项目。
- 编程开发简单：通过实时应用、FPGA、内置 WiFi 功能，学生可以远程部署应用，"无头"（无需远程计算机连接）操作。三个连接端口（两个 MXP 端口和一个与 NI myDAQ 接口相同的 MSP 端口）负责发送和接收来自传感器和电路的信号，以支持学生搭建的系统。
- 板载资源丰富：共有 40 条数字 I/O 线，支持 SPI（serial peripheral interface，串行外设接口）、PWM（pulse width modulation，脉宽调制）输出、正交编码器输入、UART（universal asynchronous receiver/transmitter，通用异步收发传输器）和 I2C（inter-integrated circuit，两线式串行总线），以及 8 个单端模拟输入，2 个差分模拟输入，4 个单端模拟输出和 2 个对地参考模拟输出，方便通过编程控制连接各种传感器及外围设备。
- 安全性高：直流供电，供电范围为 6～16 V，根据学生用户特点增设特别保护电路。
- 小巧便携。

NI myRIO 上所有功能都已经在默认的 FPGA 配置中预设好，学生在较短时间内就可以独立开发完成一个完整的嵌入式工程项目应用，同时也支持对 FPGA 自定义，并重新配置 I/O。NI myRIO 的可扩展性使其在学生的入门嵌入式系统到毕业设计或课外创新项目中均可使用，特别适合用于机器人、机电一体化、测控等领域的课程设计或学生创新项目。

本书将具体介绍如何从零开始进行基于 NI myRIO-1900 和 LabVIEW 的嵌入式系统开发。

NI myRIO 分为 NI myRIO-1900 和 NI myRIO-1950 两种型号，两种型号的主要区别是 NI myRIO-1900 带有外壳，多一组 I/O 接口，并支持 WiFi 连接。

0.1 NI myRIO-1900 特性

0.1.1 硬件概述

NI myRIO-1900 在一个紧凑的嵌入式设备上提供了模拟输入(AI)、模拟输出(AO)、数字输入和输出(DIO)、音频输入和输出、电源输入和输出。它可通过 USB 和无线技术连接到一台主机上。图 0-1 所示为 NI myRIO-1900 的实物图。图 0-2 所示为 NI myRIO-1900 硬件框图。

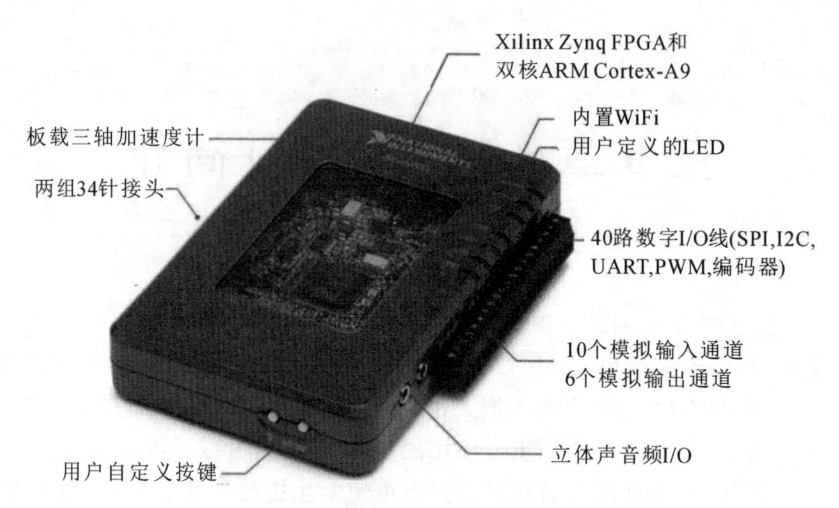

图 0-1　NI myRIO-1900 的实物图

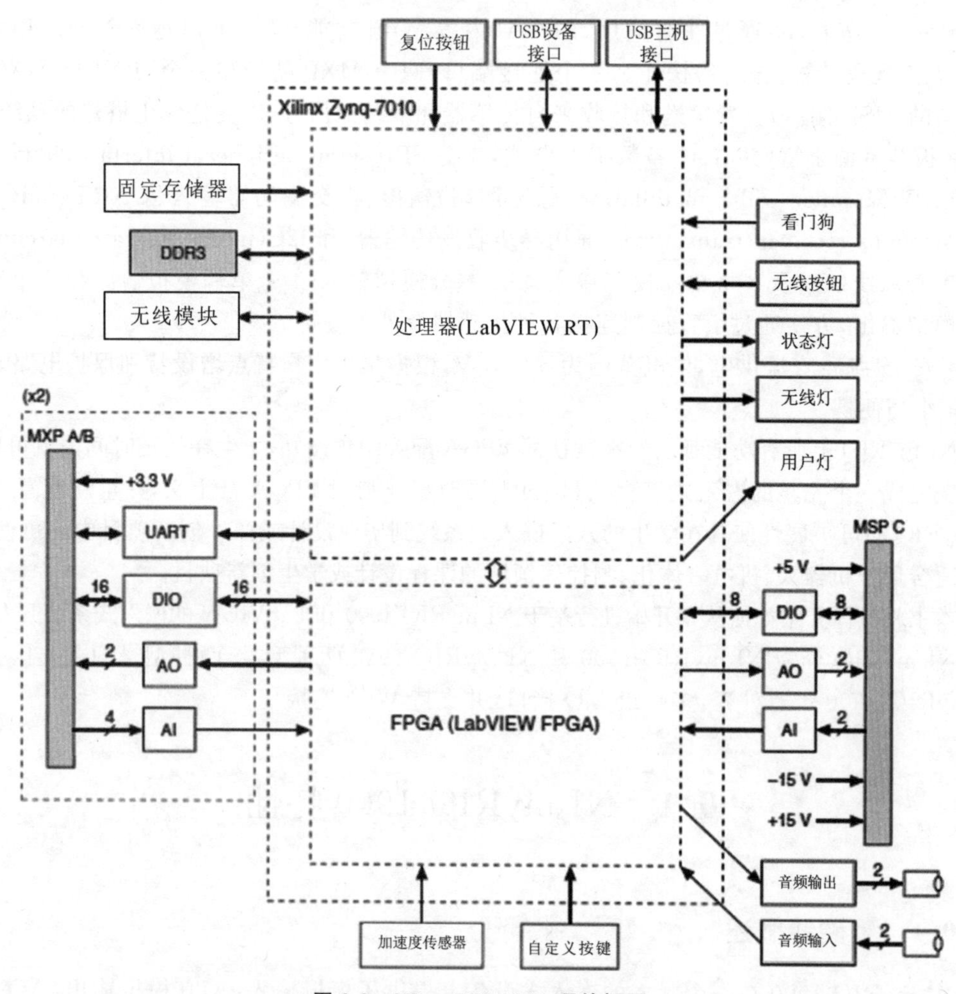

图 0-2　NI myRIO-1900 硬件框图

0.1.2　引脚功能

NI myRIO-1900 扩展端口(MXP)连接器 A 和 B 携带相同的信号组。在软件中,信号通过连接器名称进行区分,如 Connector A/DIO1 和 Connector B /DIO1。图 0-3 和表 0-1 显示了 MXP 连接器 A 和 B 上的信号。注意,有些引脚既具有主要功能,又具有次要功能。

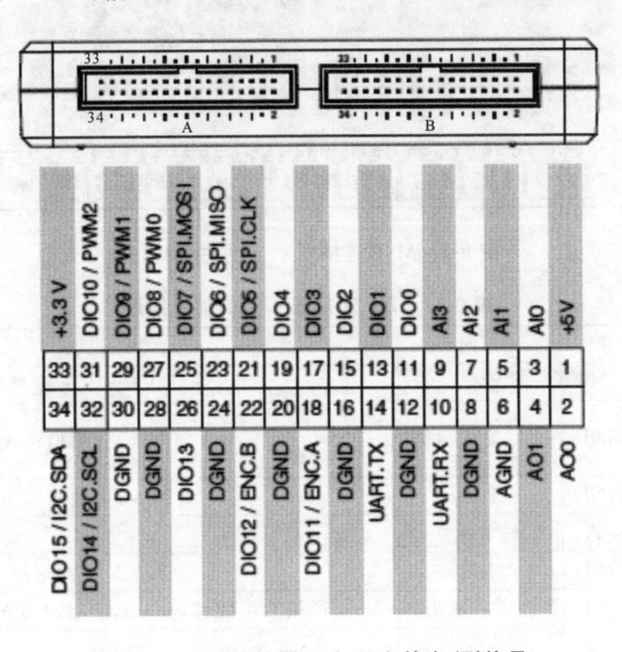

图 0-3　MXP 连接器 A 和 B 上的主/副信号

表 0-1　MXP 连接器 A 和 B 上的信号描述

信号名称	参考值	方向	说明
+5 V	DGND	输出	+5 V 电源输出
AI <0..3>	AGND	输入	0～5 V,单端模拟输入通道
AO <0..1>	AGND	输出	0～5 V,单端模拟输出
AGND	N/A	N/A	
+3.3 V	DGND	输出	+3.3 V 电源输出
DIO <0..15>	DGND	输入或输出	通用数字线路,3.3 V 输出,3.3 V/5 V 兼容输入
UART.RX	DGND	输入	UART 接收输入
UART.TX	DGND	输出	UART 传输输出
DGND	N/A	N/A	

图 0-4 和表 0-2 显示了微型系统端口(MSP)连接器 C 上的信号。有些引脚既具有主要功能,也具有次要功能。

表 0-3 所示为音频连接器上信号的描述。

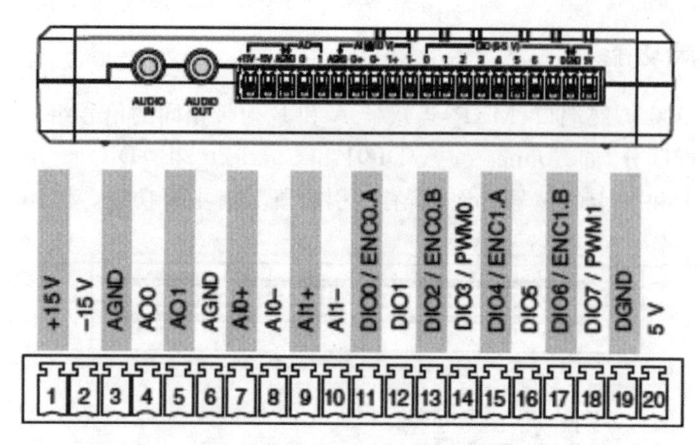

图 0-4　MSP 连接器 C 上的主/副信号

表 0-2　MSP 连接器 C 上的信号描述

信号名称	参考值	方向	说明
+15 V/−15 V	AGND	输出	+15 V/−15 V 电源输出
AI0+/AI0−；AI1+/AI1−	AGND	输入	±10 V,微分模拟输入通道
AO＜0..1＞	AGND	输出	±10 V,单端模拟输出
AGND	N/A	N/A	
5 V	DGND	输出	+5 V 电源输出
DIO＜0..7＞	DGND	输入或输出	通用数字线路,3.3 V 输出,3.3 V/5 V 兼容输入
DGND	N/A	N/A	

表 0-3　音频连接器上信号的描述

信号名称	参考值	方向	说明
AUDIO IN	N/A	输入	音频在立体声上的左右输入连接器
AUDIO OUT	N/A	输出	音频在立体声上的左右输出连接器

0.1.3　加速度计

NI myRIO-1900 包括一个三轴加速度计。加速度计不断地对每个轴进行采样,并用结果更新可读寄存器。

0.1.4　将原始数据值转换为电压值

可以使用以下公式将原始数据值转换为电压值:

$$V = \text{原始数据值} \times \text{LSB 权重}$$

$$\text{LSB 权重} = \text{标称范围} \div 2^{\text{ADC分辨率}}$$

其中:原始数据值为 FPGA I/O 节点返回的值;LSB 权重为原始数据值之间增量的电压值;标称范围是该通道从峰值到峰值范围内全电压的绝对值;ADC 分辨率是 ADC 的位分辨率(ADC 分辨率=12)。

① 对于 MXP 连接器上的 AI 和 AO 通道,有

$$\text{LSB 权重} = 5\ \text{V} \div 2^{12} = 1.221\ \text{mV}$$

$$最大读数=4095\times1.221\ \text{mV}=4.999\ \text{V}$$

② 对于 MSP 连接器上的 AI 和 AO 通道：

$$\text{LSB 权重}=20\ \text{V}\div2^{12}=4.883\ \text{mV}$$

$$最大正读数=+2047\times4.883\ \text{mV}=9.995\ \text{V}$$

$$最大负读数=-2048\times4.883\ \text{mV}=-10.000\ \text{V}$$

③ 音频输入/输出：

$$\text{LSB 权重}=5\ \text{V}\div2^{12}=1.221\ \text{mV}$$

$$最大正读数=+2047\times1.221\ \text{mV}=2.499\ \text{V}$$

$$最大负读数=-2048\times1.221\ \text{mV}=-2.500\ \text{V}$$

④ 对于加速度计：

$$\text{LSB 权重}=16\ g\div2^{12}=3.906\times10^{-3}\ g$$

$$最大正读数=+2047\times3.906\times10^{-3}\ g=+7.996\ g$$

$$最大负读数=-2048\times3.906\times10^{-3}\ g=-8.000\ g$$

0.1.5　数字输入输出

注意：MXP 连接器 A 和 B 各有 16 个 3.3 V 通用 DIO 接线端。0～13 DIO 接线端通过 40 kΩ 上拉电阻连接到 3.3 V，如图 0-5 所示；14、15 DIO 接线端通过 2.1 kΩ 上拉电阻连接到 3.3 V，如图 0-6 所示。

MSP 连接器 C 有 8 个 DIO 接线端。每个 DIO 接线端通过 40 kΩ 下拉电连接到地，如图 0-7 所示。

UART 线与 MXP 连接器上的 0～13 DIO 接线端一样。UART. RX 和 UART. TX 通过40 kΩ上拉电阻连接到 3.3 V。

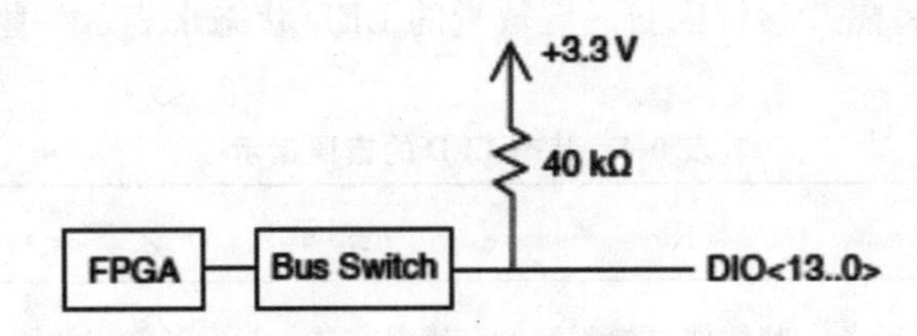

图 0-5　MXP 连接器 A 或 B 上的 DIO 接线端＜13..0＞

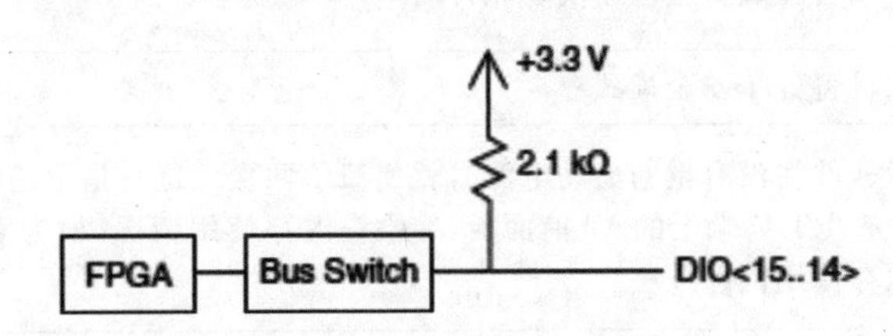

图 0-6　MXP 连接器 A 或 B 上的 DIO 接线端＜15..14＞

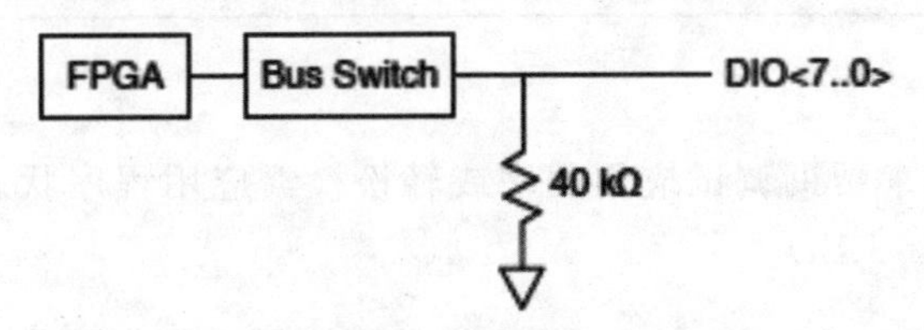

图 0-7　MSP 连接器 C 上的 DIO 接线端＜7..0＞

0.1.6　复位按钮

按下和释放复位按钮将重新启动处理器和FPGA。按住复位按钮5 s后松开，重新启动处理器和FPGA，并迫使NI myRIO-1900进入安全模式。在安全模式下，NI myRIO-1900只提供更新配置和安装软件所需的服务。

当NI myRIO-1900处于安全模式时，可以通过MXP连接器A上的UART接线端与它进行通信。UART与myRIO设备进行通信前需做好如下准备。

（1）一条USB-TTL串行UART转换器电缆（例如，TTL-232RG-VSW3V3-WE的FTD芯片）。

（2）串口终端程序进行如下配置：

① 115200 bit/s；

② 8位数据；

③ 无奇偶校验位；

④ 1位停止位；

⑤ 无流量控制。

0.1.7　LED灯

1. 电源LED

电源LED点亮，表明NI myRIO-1900提供的连接到设备的电源是充足的。

2. 状态LED

在正常运行期间，状态LED关闭。NI myRIO-1900可以在给设备供电的同时进行开机自检（POST）。在POST期间，电源和状态LED打开。当状态LED关闭时，POST完成。NI myRIO-1900通过每隔几秒钟刷新一定数量的LED状态来表示一些特定的错误，错误指示如表0-4所示。

表0-4　状态LED的错误指示

LED状态	指示
闪烁间隔2 s	表示设备在其软件中检测到一个错误。这一指示通常发生在试图升级软件的尝试被中断时或者在设备上重新安装软件时
闪烁间隔3 s	表示设备处于安全模式
闪烁间隔4 s	表示软件在没有重新启动电源时就崩溃了两次。这一指示通常发生在设备耗尽内存时。检查RT终端上的VI前面板，并检查内存使用情况，根据需要修改VI前面板，以解决内存使用问题
连续闪烁或常亮	表示设备检测到一个不可恢复的错误。应联系NI公司解除故障

3. LED 0～3

LED 0～3可以用来帮助调试应用程序或轻松检索应用程序状态。逻辑TRUE打开LED，逻辑FALSE关闭LED。

0.2 开发前的准备工作

0.2.1 安装软件

在使用一个新的 myRIO 之前需要在计算机上安装软件并对其进行配置以做好系统开发的准备。必须安装的软件有：

- LabVIEW；
- LabVIEW Real-Time(LabVIEW 实时模块)；
- LabVIEW myRIO Module(LabVIEW myRIO 模块)。

安装好软件之后便可以给 myRIO 接通电源，并通过 USB 端口将 myRIO 与计算机连接起来(此时 myRIO 的实时处理器上并没有实际安装任何软件，所以右侧 STATUS 的 LED 指示灯一直处于红色闪烁状态)。当 myRIO 与计算机连接好后，会自动弹出如图 0-8 所示的启动界面，界面中各选项含义如表 0-5 所示。

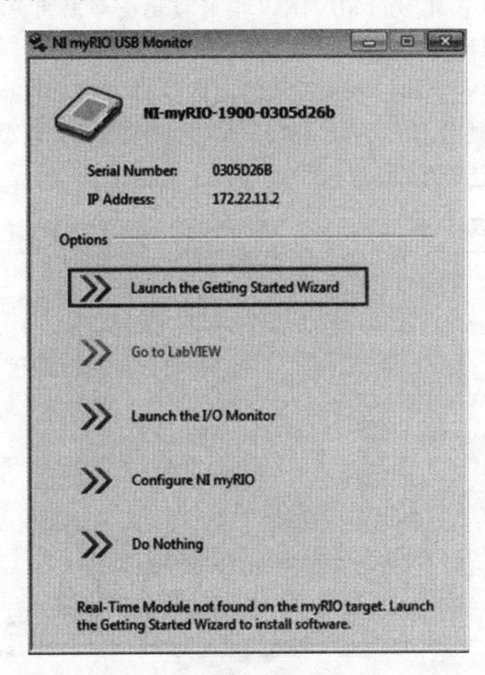

图 0-8 NI myRIO USB 启动窗口

注：如果没有自动弹出 NI myRIO USB Monitor 的启动界面，可以找到 LabVIEW 安装目录下的 myrioautoplay.exe 文件双击打开。

表 0-5 NI myRIO USB 启动窗口各选项含义

选项	说明
Launch the Getting Started Wizard	通过 Getting Started Wizard，用户可以迅速查看 NI myRIO 的功能状态。向导的功能有：检查已连接的 NI myRIO，连接到选中设备，给 NI myRIO 安装软件或进行软件更新，为设备重命名，通过一个自检程序测试加速度传感器、板载 LED 以及自定义板载按钮

续表

选项	说明
Go to LabVIEW	选择此项后直接弹出“LabVIEW Getting Started”窗口
Launch the I/O Monitor	启动 I/O 监视器
Configure NI myRIO	选择后打开一个基于网页的 NI myRIO 配置工具
Do Nothing	可通过此选项关闭 NI myRIO USB 启动窗口

单击“Launch the Getting Started Wizard”对 myRIO 进行相关设置。

找到已安装的设备之后，单击“Next”，在弹出的界面中可以看到 myRIO 序列号，用户也可以修改设备名称，但修改名称后需要重启 myRIO 才有效。再次单击“Next”之后，上位机已经安装的相关软件将自动在 myRIO 上创建一套实时操作的副本，这一过程可能会花费几分钟的时间。由于 myRIO 在安装完软件之后需要重启，所以启动界面会再次出现，点击“Do Nothing”即可。

注：myRIO 的 ARM 处理器上运行的是 Linux RT 实时操作系统，一般情况下用户不需要关心底层的操作系统细节，因为 LabVIEW 实时模块会帮助用户与操作系统打交道，开发者只需要集中精力实现功能即可。

随后安装向导会提供一个如图 0-9 所示的测试窗口，用户可以自由测试 myRIO 上的三轴加速度计和 LED 灯的硬件性能。单击“Next”完成安装，下面就可以在 LabVIEW 中对 myRIO 进行进一步的自定义开发。

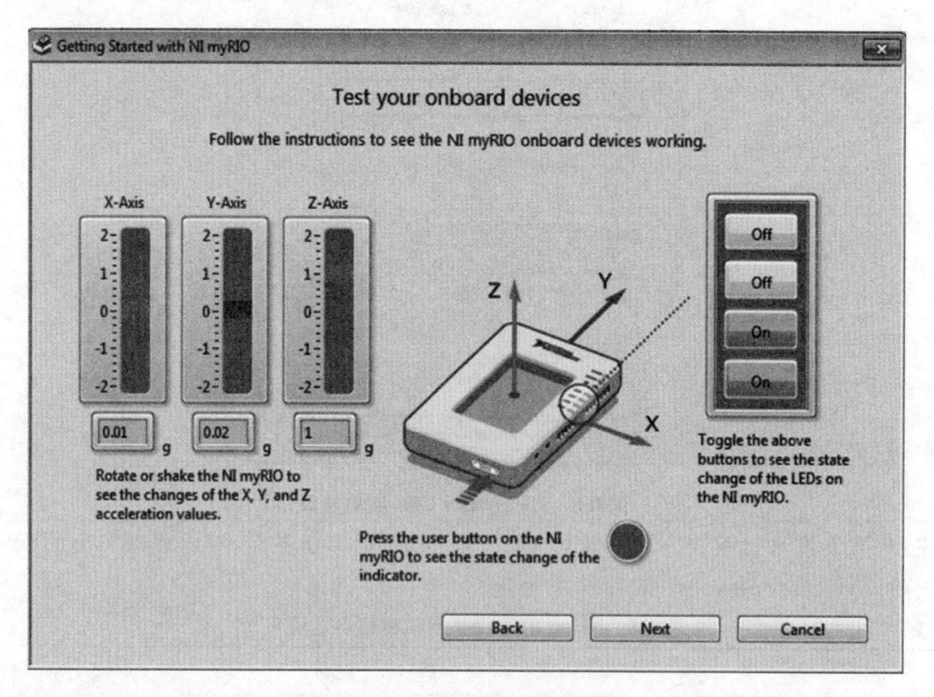

图 0-9 NI myRIO USB 测试窗口

0.2.2 软件配置

在前一小节中我们使用了 myRIO 现有的配置工具完成了初步的配置，如果需要进一步了解配置，可双击打开配置管理软件 NI MAX，NI MAX 设备配置管理界面如图 0-10 所示，在左侧一栏的远程系统中可查看当前连接的myRIO设备。单击当前连接的 myRIO 设备，可在页面右方看到设备的相关信息。在“IP 地址”一栏中，以太网地址是指通过 USB 线连接到的网址，无线地址则尚未配置，通过无线方式将 myRIO 与计算机连接的方法会在后面的课程中学习。此页面还显示序列号、操作系统版本号等基本信息。

注：虽然 myRIO 实质上是通过 USB 端口与计算机相连的，但由于计算机的驱动会将 USB 端口虚拟成网络端口，所以计算机会将 myRIO 识别成通过网络与其相连的设备。

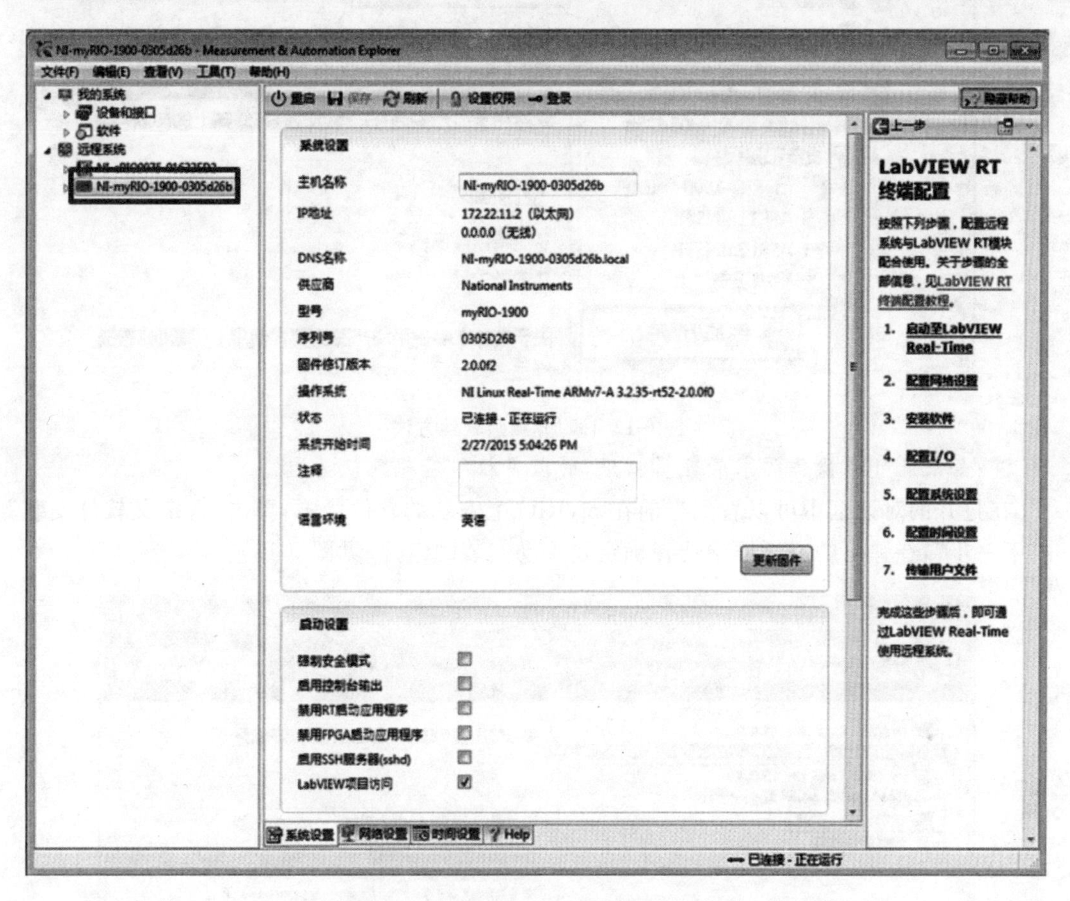

图 0-10　NI MAX 设备配置管理界面

在左侧设备管理栏中继续展开 myRIO，就可看到其“设备与接口”的详细信息，如图 0-11 所示。如果 myRIO 上连接有 USB 摄像头，在此处可以查看到 USB 摄像头资源。

继续展开“软件”，可看到 myRIO 上所安装的软件信息，此处的软件是计算机上所安装软件在实时操作系统下的副本，这些软件副本在主机上分别对应的安装软件通过“我的系统”→“软件”下拉菜单查看，必须保持实时操作系统下的软件版本与主机的一致，程序才能正确无误地编译下载至实时操作系统中在

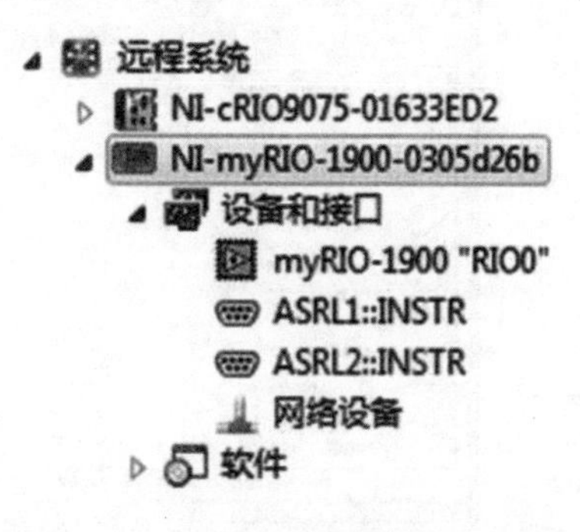

图 0-11　NI MAX 设备配置管理界面

myRIO 上运行。因此当主机有软件或驱动软件的版本升级时，实时操作系统下的软件副本也需要一起升级。可通过右键单击 myRIO 下的“软件”按钮，或者直接点击右侧页面顶端的“添加/删除软件”按钮，添加/删除软件(见图 0-12)。

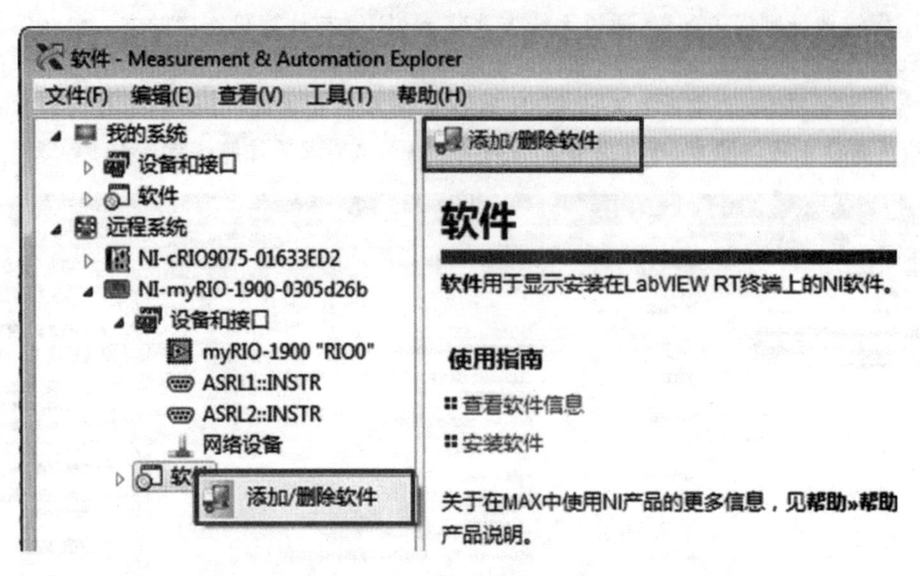

图 0-12　添加/删除软件方法

注：如果此处的操作要求管理员权限，管理员权限密码默认为空。

在打开的对话框中可以看到当前在 myRIO 上安装的软件版本，单击“自定义软件安装”→“下一步”，在弹出的对话框中选择确定要手动安装的组件(见图 0-13)。

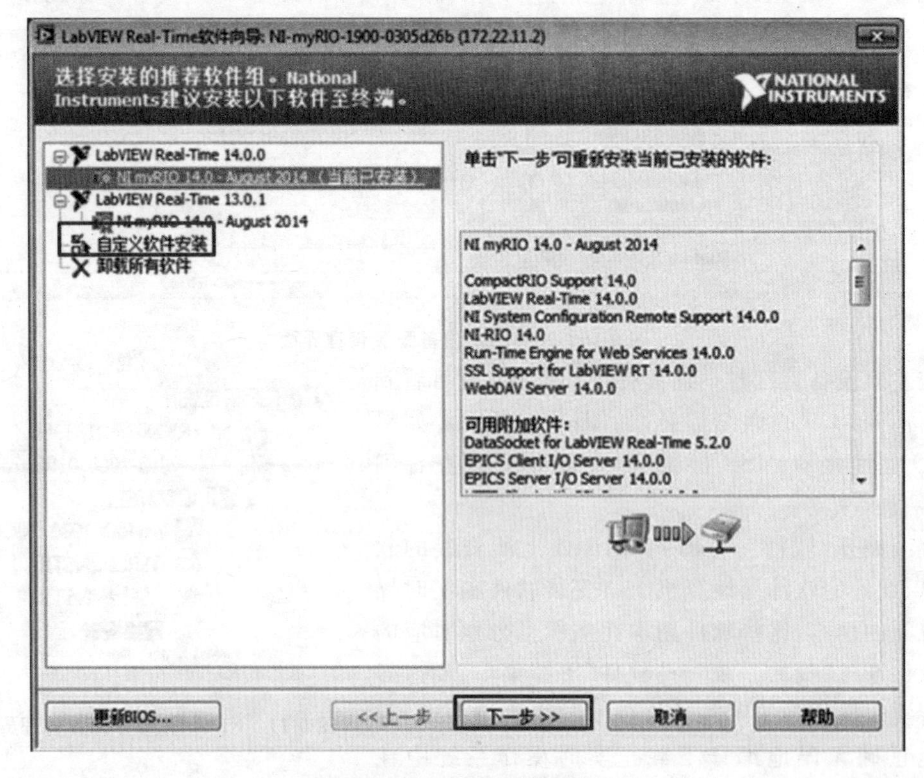

图 0-13　软件安装向导

在左侧滑动栏中便能看到需安装或卸载的组件，选择需要更新的软件，在右侧“主机”→“可用版本”中选择“更新后的版本”，单击“下一步”便能将软件同步更新到 myRIO 上。

注：如果用户安装的是中文版 LabVIEW 软件，在使用上一节中介绍的安装向导自动在 myRIO 上安装软件后，下载 LabVIEW 程序时系统会提示语言版本不匹配的错误，可以通过在上述自定义软件安装的可选组件中选择安装“Language Support for Simplified Chinese”来解决此问题，如图 0-14 所示，安装完之后还需要回到 NI MAX 设备配置管理界面中的系统设置选项卡里，在语言环境的下拉菜单中选择“简体中文”并单击“保存”。

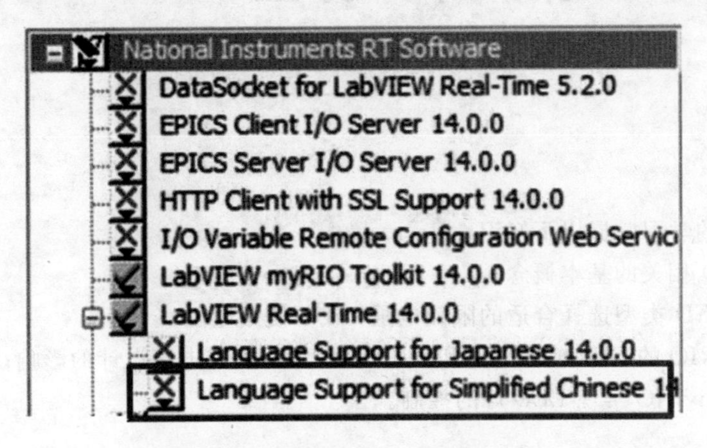

图 0-14　安装中文版 LabVIEW 软件

第1章 分立 LED

学习目标

通过本章的学习掌握以下知识：

① 与 LED 相关的基本概念；

② 根据 LED 类型选择合适的限流电阻（或不使用电阻）；

③ NI myRIO 的 DIO 输出电阻和源电压对 LED 接口电路设计的影响；

④ 用 NI myRIO 实现 LED 灯的控制。

1.1 LED 的工作原理

LED 是发光二极管的英文缩写，是一种很常用的电子元件，常用来显示电子设备的各种状态信息，如电源是否打开、系统是否出错、检测过程是否结束等，因此，LED 常用作指示元件。图 1-1 展示了一些典型的 LED 灯，包括标准红光、绿光和白光 LED，以及 RGB LED。图 1-2 展示了 LED 灯的构造。图 1-3 所示为 LED 的图形符号。

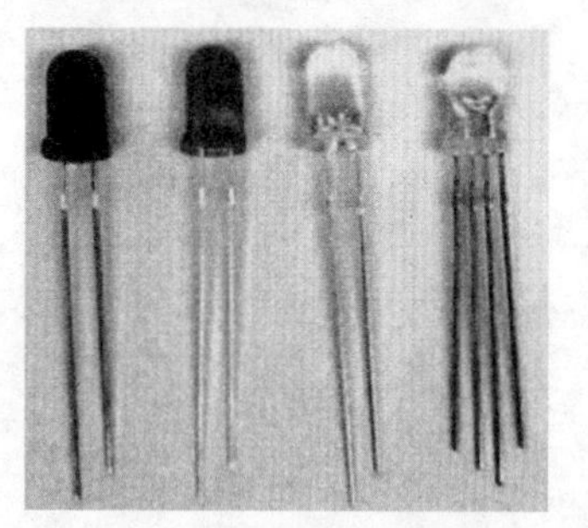

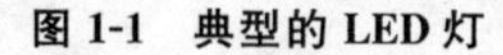

图 1-1 典型的 LED 灯

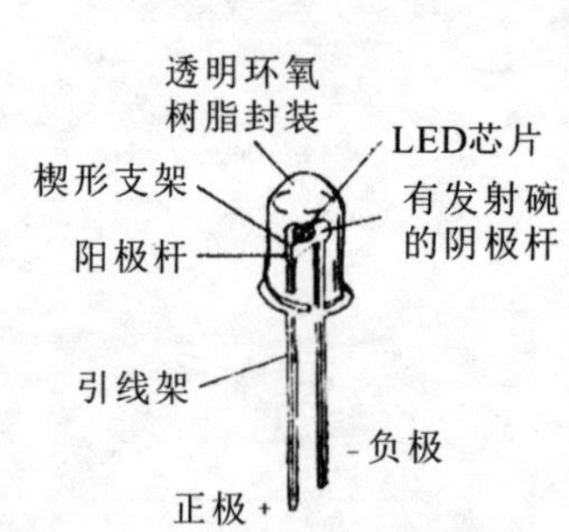

图 1-2 LED 灯的构造

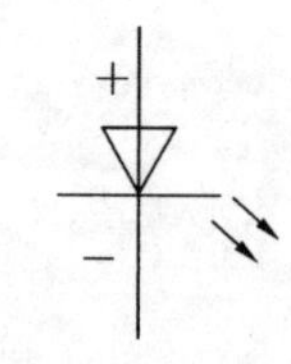

图 1-3 LED 的图形符号

LED 是由 GaAs（砷化镓）、GaP（磷化镓）、GaAsP（磷砷化镓）等半导体材料制成的，其核心是 PN 结。因此它具有一般 PN 结的 I-N 特性，即正向导通，反向截止、击穿的特性。此外，在一定条件下，它还具有发光特性。在正向电压下，电子由 N 区注入 P 区，空穴由 P 区注入 N 区。进入对方区域的少数载流子（少子）一部分与多数载流子（多子）复合而发光。由于使用的半导体材料不同，LED 会发出不同颜色的光。

1.1.1　LED特性

1. 极限参数

(1) 允许功耗 P_m：允许加在LED两端的正向直流电压与流过它的电流之积的最大值。超过此值，LED会发热，甚至损坏。

(2) 最大正向直流电流 I_{Fm}：允许加在LED两端的最大的正向直流电流。超过此值可损坏LED。

(3) 最大反向电压 V_{Rm}：允许加在LED两端的最大反向电压。超过此值，LED可能被击穿。

(4) 工作环境温度 t_{opm}：LED可正常工作的环境温度范围。工作环境温度低于或高于此温度范围，LED将不能正常工作，效率大大降低。

2. 电参数

(1) 伏安特性：LED的伏安特性可用图1-4表示。

在正向电压小于某一值(阈值)时，电流极小，不发光。当电压超过某一值后，正向电流随电压迅速增加，发光。由U-I曲线可以得出发光管的正向电压、反向电流及反向电压等参数。

一般LED的工作电流在十几毫安至几十毫安，而低电流LED的工作电流在2 mA以下(亮度与普通发光管相同)。

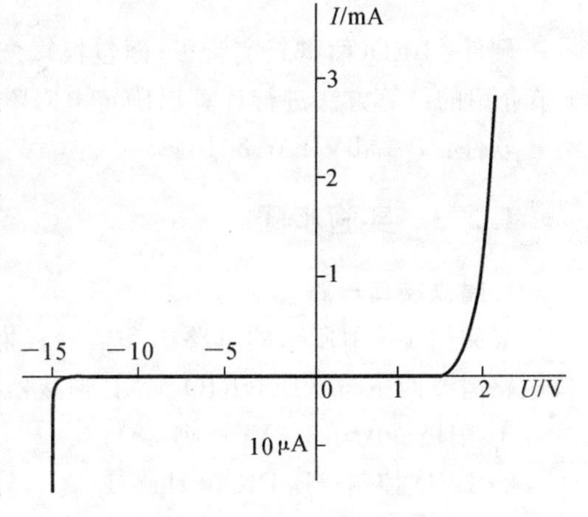

图1-4　LED的伏安特性

(2) 正向工作电流 I_F：它是指LED正常发光时的正向电流值。在实际使用中应根据需要选择 I_F 在 $0.6I_{Fm}$ 以下。

(3) 正向工作电压 U_F：也称为LED的导通压降，是在给定的正向电流下得到的，一般是在 $I_F=20$ mA时测得的。LED正向工作电压 V_F 随材料、温度不同而不同。当外界温度升高时，V_F 将下降。一般红色LED的压降为1.7～2.5 V，绿色LED的压降为2.0～2.4 V，黄色LED的压降为1.9～2.4 V，蓝/白色LED的压降为3.0～3.8 V。

1.1.2　LED的应用

LED具有单向导电性，通过5 mA左右电流即可发光，电流越大，亮度越高，但若电流过大会烧毁，所以一般应控制流经其的电流为3～20 mA。为防止LED因流经的电流过大而烧毁，常在电路中串联电阻，所以该电阻也称为限流电阻。

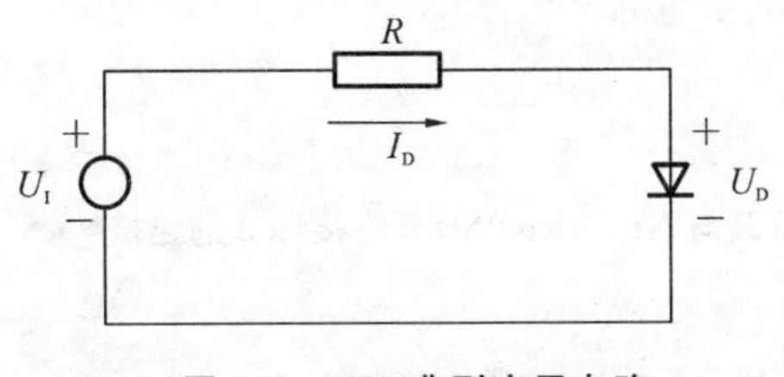

图1-5　LED典型应用电路

例1.1　图1-5所示为LED的典型应用电路，假设电源电压为6 V，LED的工作电压为1.5 V，电流为5～15 mA，那么此时限流电阻R的取值应是多少？

由图1-5可知限流电阻 $R=(U_I-U_D)/I_D$，则

$$R_{max}=(6-1.5)\text{V}/5\ \text{mA}=0.9\ \text{k}\Omega=900\ \Omega$$

$$R_{min}=(6-1.5)\text{V}/15\ \text{mA}=0.3\ \text{k}\Omega=300\ \Omega$$

即 R 的取值范围为 300～900 Ω。根据附录 E,可以选择功率为 1/4 W、标称值为 330、360、390、430、470、510、560、620、680、750、820 的电阻。

说明:更多内容可以观看课程视频(http://www.niclass.cn/course/17)。

1.2 示例实验

基本 DIO 操作

1.2.1 实验要求

用上位机上的虚拟开关控制 LED 灯的亮灭。

1.2.2 实验设备

硬件:LED(两脚)、实验板(面包板)、公-母跳线(2 根)、限流电阻(根据 1.1 节介绍的计算方法进行计算以确定电阻阻值)。

软件:NI LabVIEW 2016。

1.2.3 实验步骤

1. 建立接口电路

参阅图 1-6 中所示的电路图和实验板推荐布局,连接 LED 灯和 myRIO。离散 LED 接口电路需要两条与 NI myRIO MXP 连接器 B 连接的跳线:

① 阳极→B/+3.3V(针脚 33);

② LED 控制→B/DIO0(针脚 11)。

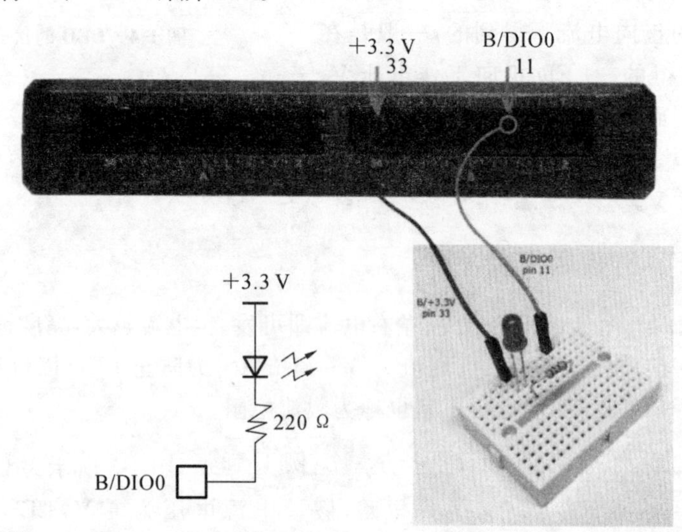

图 1-6 分立 LED 演示电路:电路图、实验板推荐布局,以及与 NI myRIO MXP 连接器 B 的连接

2. 创建 VI

① 确认 NI myRIO 已连接到计算机。

② 创建 myRIO Project。打开 LabVIEW 2016，选择“Create Project”，在弹出界面选择“myRIO Project”选项，然后单击“Next”按键，如图 1-7 所示。

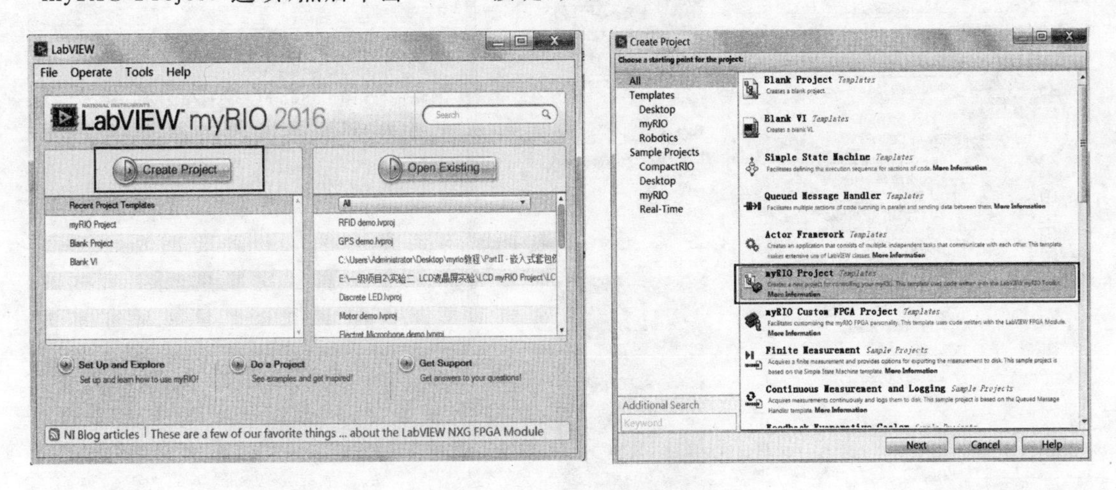

图 1-7　创建 myRIO Project

③ 在新出现的界面上指定工程名称（如 led）、存储路径（如 d:\myRIO\LED）及目标设备。然后单击“Finish”按钮，如图 1-8 所示。

注：在指定目标设备时，选择“Plugged into USB”，设备型号为“myRIO-1900”。

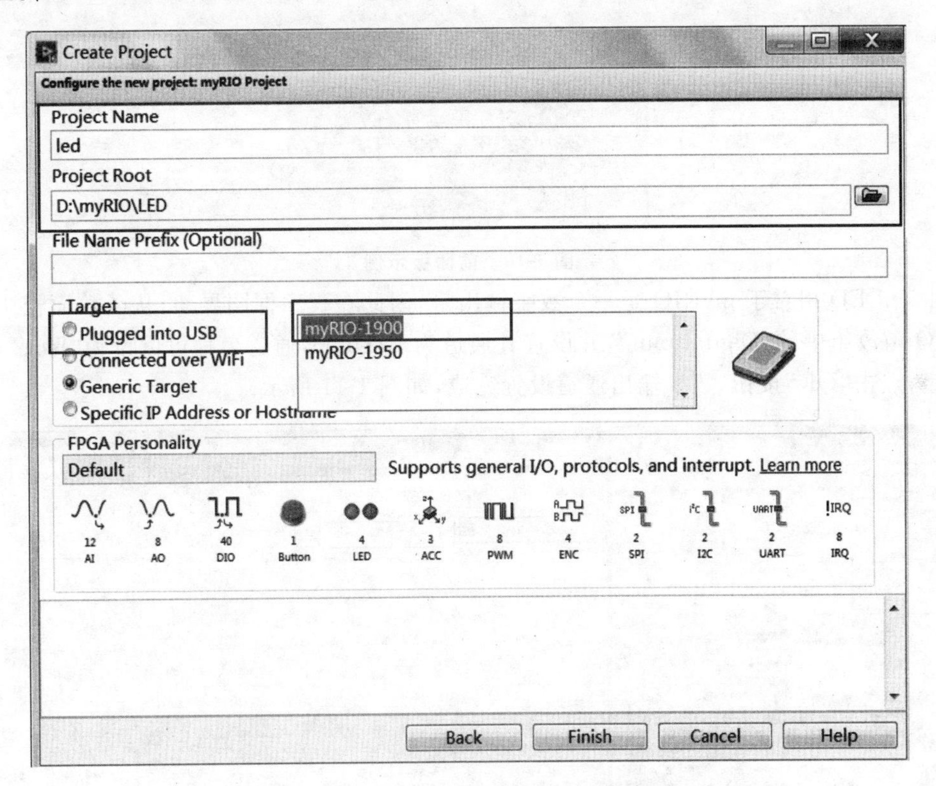

图 1-8　指定工程名称、存储路径及目标设备

④ 创建新 VI。随后在出现的 led 工程文件窗口中，用鼠标右键单击“myRIO-1900”，在弹出菜单中选择“New”→“VI”，如图 1-9 所示。新建 VI 默认名称为“Untitled1”，可通过单击鼠标右键，在弹出的快捷菜单中选择“Save As...”将其重命名。

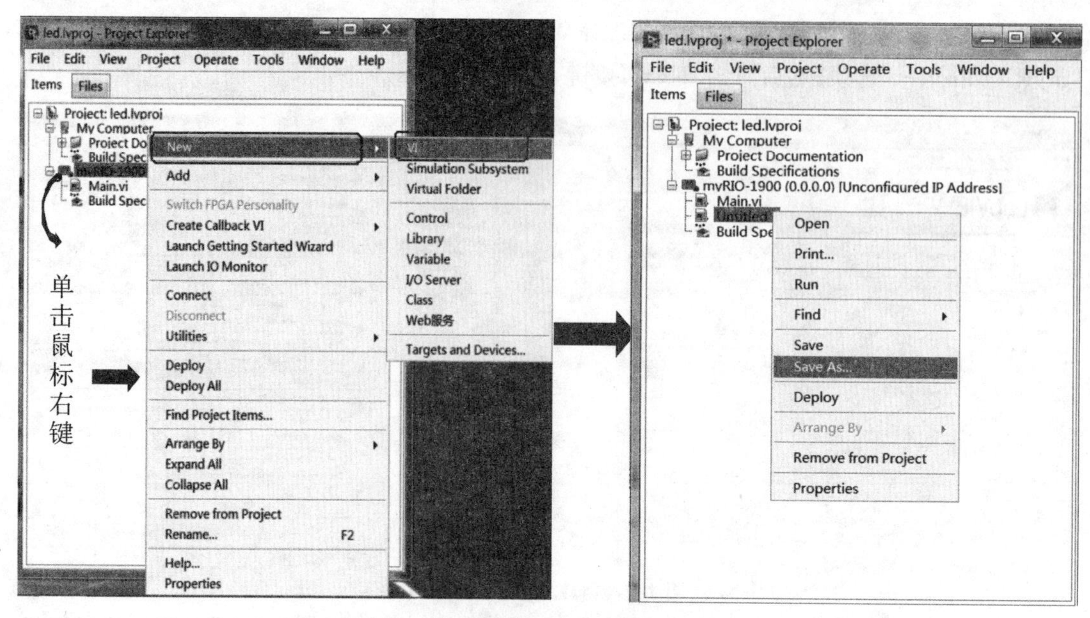

图 1-9　在 myRIO Project 内创建新 VI

⑤ 编辑 VI。根据实验要求，在 LabVIEW 前面板上放置一个开关，打开开关，点亮 myRIO 连接的 LED 灯，关闭开关，熄灭 LED 灯。前面板示例如图 1-10 所示。

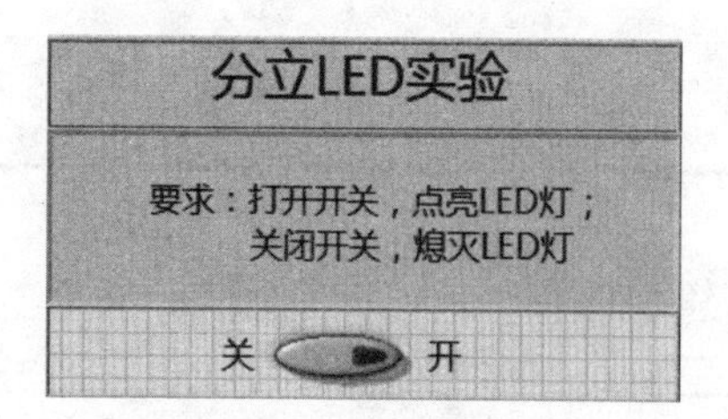

图 1-10　前面板示例

由于 LED 相对于 myRIO 是一个数字输出量，因此在程序框图界面，从函数面板中选择 myRIO 函数组中的“Digital Out”，并设置其通道为 B/DIO0，通道名称可以设为“led1”，或其他名字，点击“OK”按钮，数字输出通道设置完成，如图 1-11 所示。

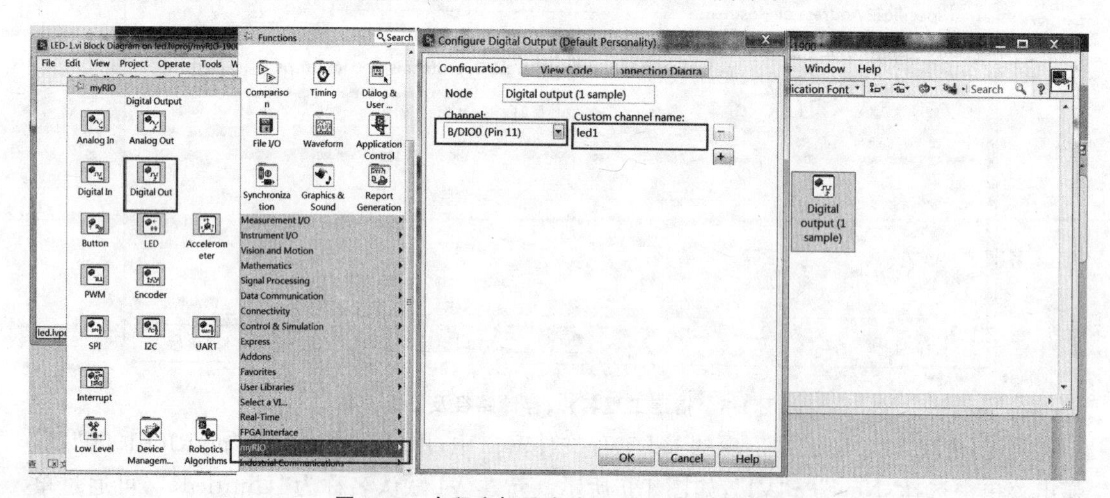

图 1-11　在程序框图中建立 Digital Out 通道

接下来，将开关的输出端和Digital Out的输入端连接起来，就可实现开关控制LED灯的亮灭了，如图1-12所示。当然，如果希望程序连续运行，可以增加While循环。

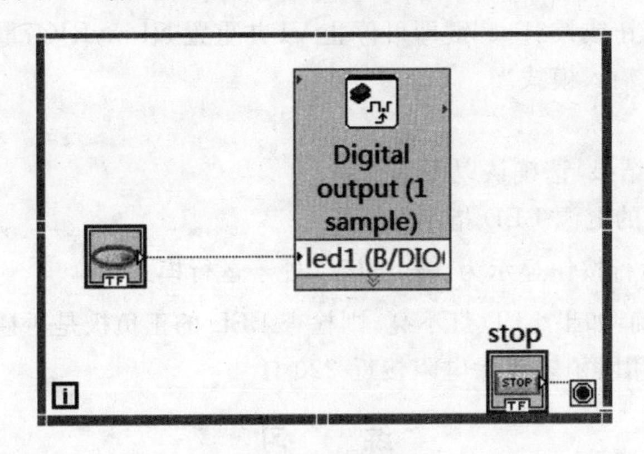

图1-12　程序示例

VI编辑完成后，点击运行按钮，VI将被编译下载至myRIO。下载完成后，可切换虚拟开关的状态，观察LED灯的亮灭。

3. 运行程序

在工程文件窗口双击“myRIO-1900”下“Main. vi”，打开前面板，然后选择点击工具栏上的“Run”按钮或按Ctrl+R。在VI开始运行之前，屏幕上将显示“Deployment Progress”窗口，将项目编译并部署(下载)到NI myRIO。勾选“Deployment Progress”窗口的“Close on successful completion”选项，点击“Close”按钮让VI开始自动运行，如图1-13所示。

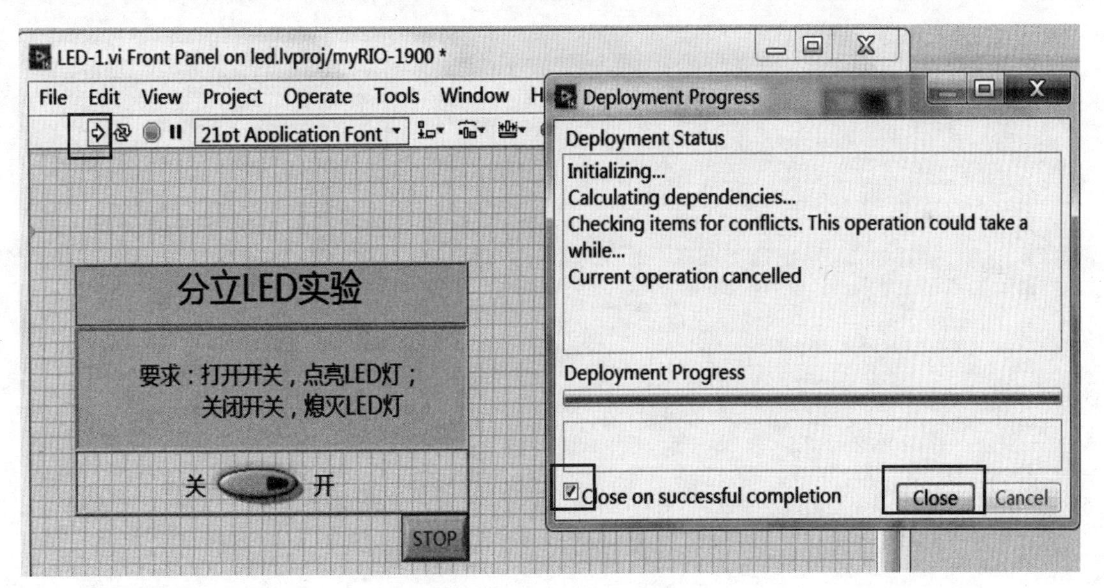

图1-13　部署VI到myRIO

4. 检查结果

① 检查LED灯的亮度是否合适。电路图中使用了一个220 Ω限流电阻；也可以选择两个100 Ω串联电阻或两个470 Ω并联电阻实现此效果。但是如果LED灯过亮或过暗时，则需要重新计算限流电阻大小，选择合适的限流电阻。

② 点击“开关”按钮可以手动将数字输出状态设置为“高”或“低”。由于此接口电路采

用的是吸收电流形式，因此，LED在数字输出状态为“低”时有效，也就是说，当数字输出为“低”时，LED灯亮。检查结果是否如此。

③ 点击“Stop”按钮或按“Esc”键即可停止VI并重置NI myRIO；重置myRIO会导致所有数字I/O针脚恢复输入模式。

5. 故障解决提示

若未能看到预期结果，请确认以下几点：

① NI myRIO上的电源LED指示灯亮起；

② 工具栏上的运行按钮显示为 ，即VI处于运行模式；

③ LED方向正确：如果LED灯不亮，则检查LED的正负极是否插反了；

④ 电阻值正确：用欧姆表确保电阻接近220 Ω。

练　习

对接口电路和led工程文件进行修改，实现如下功能：

(1) 添加一个前面板控件，以赫兹为单位调整闪烁频率；当闪烁频率达到多高时，闪烁将变得难以察觉？

(2) 控制8个LED实现跑马灯效果(效果没有统一规定，可以是一个一个地亮，也可以是两个两个地亮，或者其他形式均可)。

第2章　按 钮 开 关

学习目标

通过本章的学习：

① 学会配置 I2C 通信串口的方法；

② 掌握往显示器发送字符显示、发送转义字符调整模式的方法；

③ 掌握 LabVIEW I2C Express VI 编程方法。

2.1　开关的工作原理

按钮开关是指利用按钮推动传动机构，使动触点与静触点按通或断开并实现电路换接的开关。按钮开关结构简单，应用十分广泛。按钮开关的结构种类很多，可分为普通旋钮式、蘑菇头式、自锁式、自复位式、旋柄式、带指示灯式、带灯符号式及钥匙式等。

本实验主要使用自锁开关，如图 2-1 所示，其图形符号如图 2-2 所示。

图 2-1　典型自锁开关

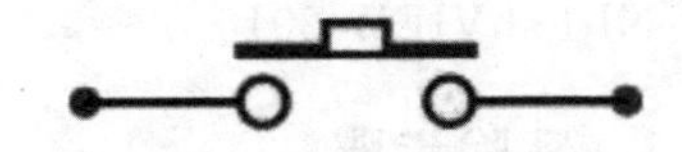

图 2-2　开关的图形符号

自锁开关一般是指开关自带机械锁定功能，按下去，松手后按钮是不会完全跳起来的，处于锁定状态，需要再按一次，才解锁完全跳起来。

自锁开关（这里是六脚自锁开关）也就是我们说的双刀双掷开关，引脚共 2 排，每排 3 个引脚，一个公共端，一个常开，一个常闭，其电路图如图 2-3 和图 2-4 所示，另外一排的引脚也是如此。两组引脚公共点对公共点，常开对常开，常闭对常闭，是完全独立的，引脚的类别可通过万用表测量得知。

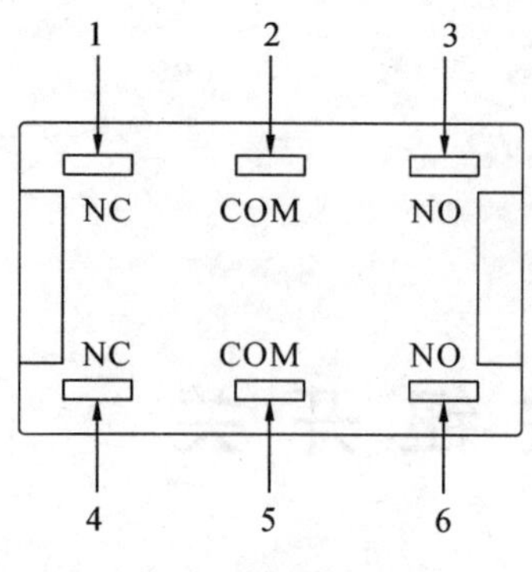

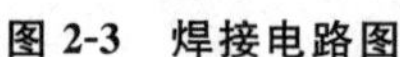

图 2-3　焊接电路图

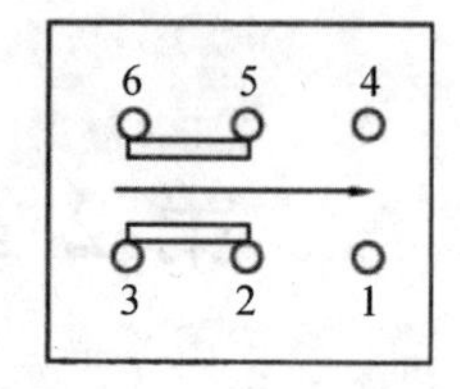

图 2-4　内部焊接电路图

如图 2-5 所示，当开关自锁键未按下时，连接的是常闭的一边；按下自锁键后常开部分导通。

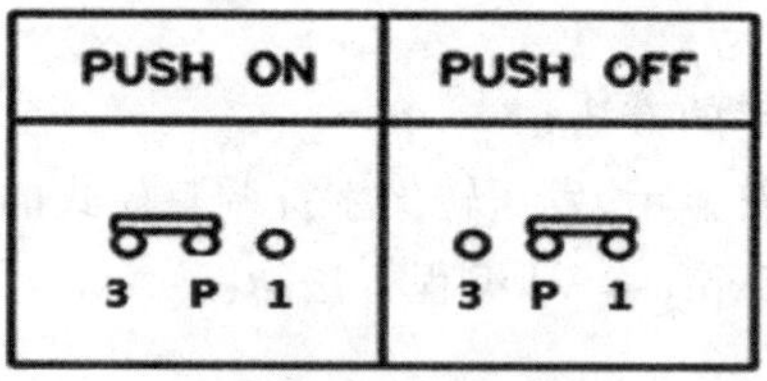

PUSH ON	PUSH OFF
3 P 1	3 P 1

图 2-5　状态转移图

2.2　示例实验

2.2.1　实验要求

用真实开关控制上位机上虚拟 LED 灯的亮灭。

2.2.2　实验设备

硬件：按钮开关、实验板（面包板）、公-母跳线（2 根）。

软件：NI LabVIEW 2016。

2.2.3　实验步骤

1. 建立接口电路

参考图 2-6 所示的电路图和实验板推荐布局，连接按钮开关和 myRIO。按钮开关接口电路需要两条跳线与 NI myRIO MXP 连接器 B 连接：

① 按钮端子 1→B/DIO0（针脚 11）；

② 按钮端子 2→B/GND（针脚 12）。

按钮开关通常情况下为断路状态，按下后变为短路。由于 NI myRIO DIO 线路中有内部拉电阻（其中 MXP 连接器 A 和 B 内部连接电阻为上拉电阻，MSP 连接器 C 内部连接电阻为下拉电阻），因此按钮无需任何其他组件即可直接连接到 myRIO 的数字输入端口。

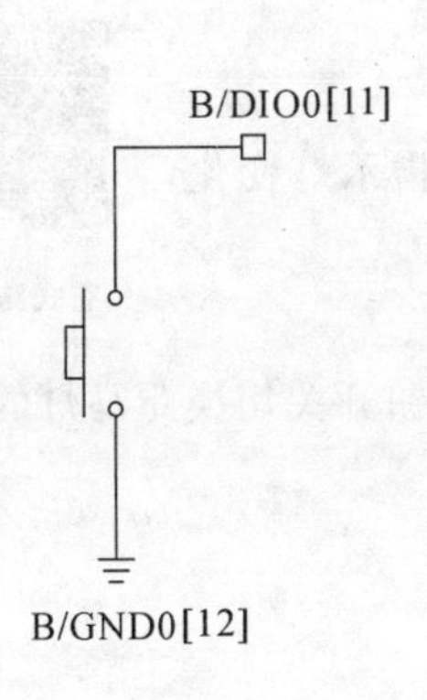

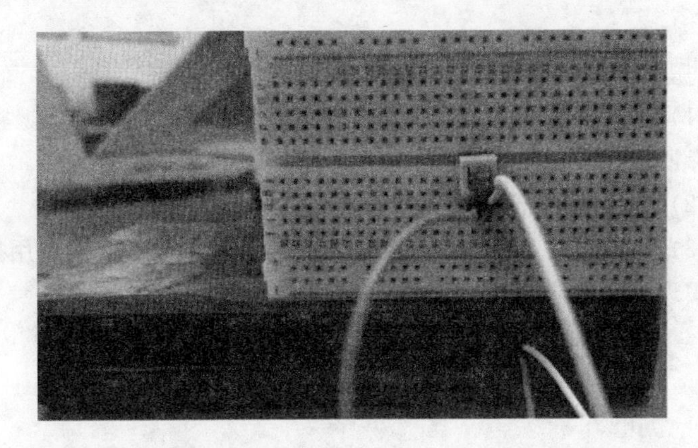

图 2-6　电路图和实验板推荐布局

2. 创建 VI

按图 2-7 所示前面板和程序框图创建 VI。

注：按钮开关信号相对于 myRIO 为一个数字输入信号，因此，程序中用到的是“Digital input”VI，这和分立 LED 实验是不同的。

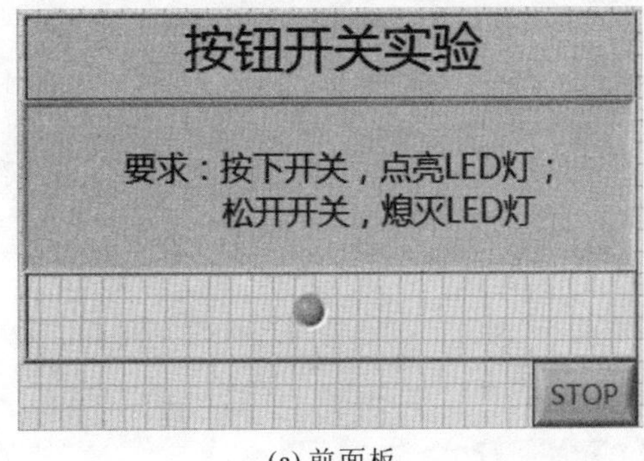

(a) 前面板

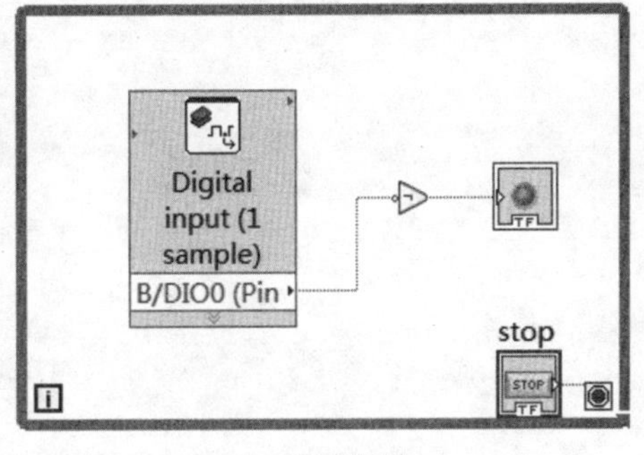

(b) 程序框图

图 2-7　按钮开关示例实验的前面板和程序框图

3. 运行 VI

VI 编辑完成后，点击运行按钮，VI 将被编译下载至 myRIO。下载完成后，可切换开关的状态，观察虚拟 LED 灯的亮灭。

4. 检查结果

按钮未按下时，连接器 B 内部 DIO 电阻为上拉电阻，DIO 应处于高电位状态；按下按钮，B/DIO0 状态指示器变为低电位状态，松开按钮后将恢复为高电位状态。

点击“Stop”按钮或按“Esc”键即可停止 VI 并重置 NI myRIO；重置 myRIO 会导致所有数字 I/O 针脚恢复输入模式。

5. 故障解决提示

如果未能看到预期结果，请确认以下几点：

① NI myRIO 上的电源 LED 指示灯亮起；

② 工具栏上的运行按钮显示为 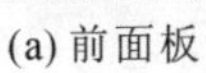，即 VI 处于运行模式；

③ MXP 连接器端子正确无误：确认使用的是连接器 B，并且针脚连接正确无误。

练　习

花式跑马灯

(1) 在连接器 A 和 C 上,分别尝试添加一个按钮开关,观察指示灯变化,并思考原因。

(2) 编写 VI,统计按钮按下次数。

(3) 结合分立 LED 实验的第 2 道练习题,编写 VI,实现用按钮开关切换跑马灯的效果,至少实现三种效果的切换。

第3章　电　位　器

学习目标

通过本章的学习：

① 了解电位器的工作原理；

② 学会电位器分压、分流的使用方法；

③ 通过连接 DIO，了解数字输入的滞后边界。

3.1　电位器工作原理

电位器是具有三个引出端、阻值可按某种变化规律调节的电阻元件。电位器通常由电阻体与转动或滑动系统组成，即靠一个动触点在电阻体上移动，获得部分输出电压。典型的电位器外形如图 3-1 所示，其图形符号如图 3-2 所示。

电位器的作用——调节电压（含直流电压与信号电压）和电流的大小。

电位器的结构特点——电位器的电阻体有两个固定端，通过手动调节转轴或滑柄，改变动触点在电阻体上的位置，则改变了动触点与任一个固定端之间的电阻值，从而改变了电压与电流的大小。

电位器既可作为三端元件使用也可作为二端元件使用，后者可视作一可变电阻器。

图 3-1　典型的电位器外形

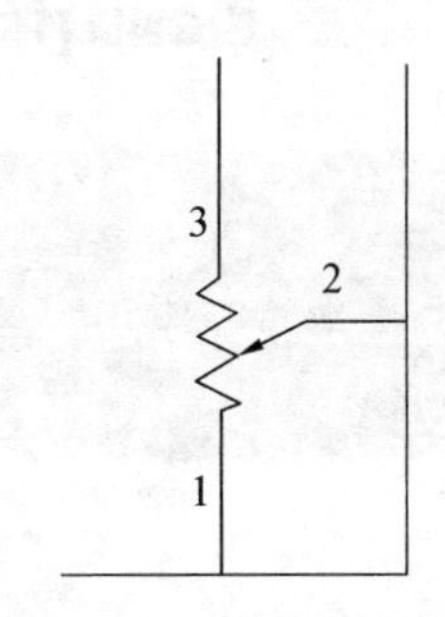

图 3-2　电位器图形符号

3.2 示例实验

3.2.1 实验要求

调节电位器，从而使输入 myRIO 的电压值发生变化，随着输入电压值的增加，上位机上虚拟 LED 点亮的数量也依次增加。

3.2.2 实验设备

硬件：电位器（10 kΩ）、实验板（面包板）、公-母跳线（3 根）。

软件：NI LabVIEW 2016。

3.2.3 实验步骤

1. 建立接口电路

参考图 3-3 中所示的电路图和实验板布局，连接电位器和 myRIO。

提示：将电位器任一侧的两个卡舌放平，确保电位器齐平地放在实验板表面上。电位器接口电路需要三条与 NI myRIO MXP 连接器 B 连接的连接线：

① 电位器端子 1→B/GND(针脚 16)；

② 电位器端子 2→B/AIO(针脚 3)；

③ 电位器端子 3→B/+5V(针脚 1)。

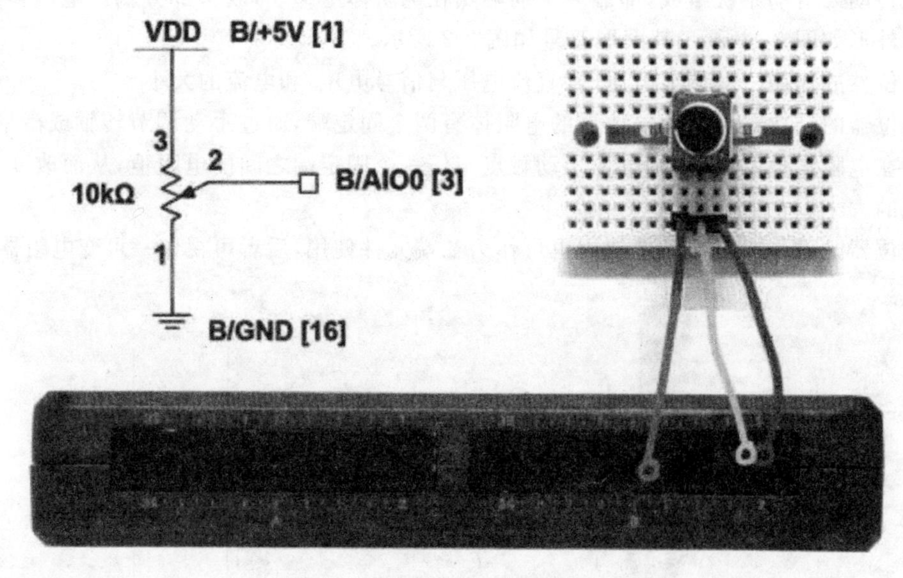

图 3-3　电路图和实验板布局示例

2. 创建 VI

按图 3-4 所示前面板和程序框图创建 VI。

注：电位器输出电压对于 myRIO 来说为一个模拟输入信号，因此，程序中用到的是“Analog input”VI，这和前面的两个实验是不同的。

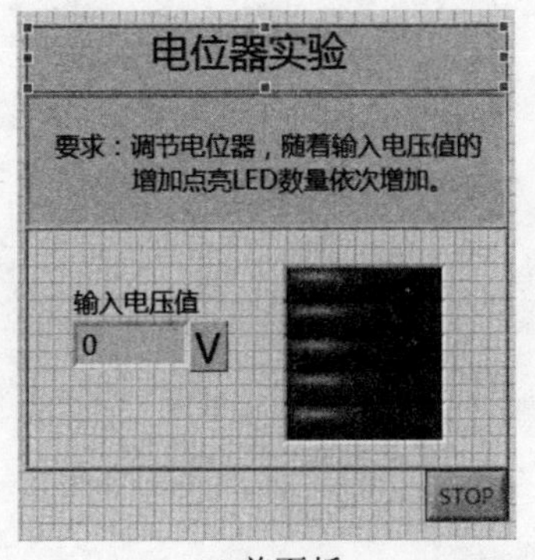

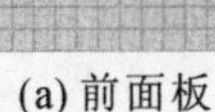

(a) 前面板

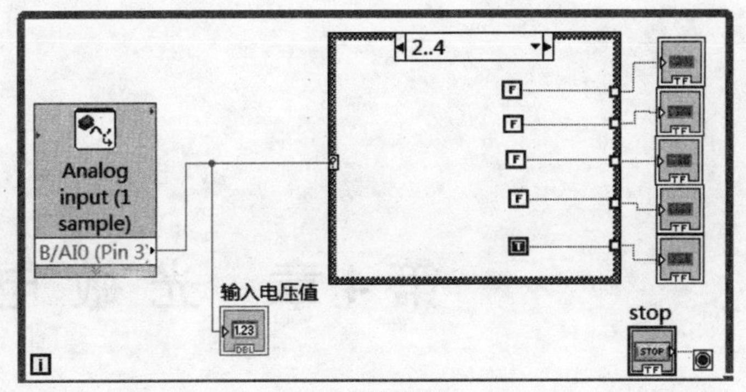

(b) 程序框图

图 3-4 电位器实验程序示例

3. 运行程序

VI 编辑完成后，点击运行按钮，VI 将被编译下载至 myRIO。下载完成后，可调节电位器，观察虚拟 LED 灯是否随输入电压的增加依次点亮。

4. 检查结果

① VI 显示模拟输入 B/AI0 上的电压。转动电位器转盘，应该可以观察到电位器转盘从一个极端到另一个极端转动一圈能让电压从 0V 变到 5V。

② 当输入电压增加时，应当可以观察到虚拟 LED 点亮个数相应增加。

5. 故障排除

若未能看到预期结果，请确认以下几点：

① NI myRIO 上的电源 LED 指示灯亮起；

② 工具栏上的运行按钮显示为 ➡，即 VI 处于运行模式；

③ MXP 连接器端子正确无误：确认使用的是连接器 B，并且针脚连接正确无误。

练 习

(1) 在连接器 A 和 C 上，分别尝试添加一个电位器，观察输入电压变化，并思考引起变化的原因。

(2) 利用板载 LED 制作柱状图指示器。

第4章　光敏电阻

学习目标

通过本章的学习：

① 了解光敏电阻的工作原理和参数特性；

② 掌握使用分压器和模拟输入测量光敏电阻的方法；

③ 学会结合光敏电阻设计电路，控制 LED 灯亮度。

4.1　光敏电阻的工作原理与参数特性

光敏电阻(photoresistor)是用光电导体制成的光电器件，又称光导管，如图 4-1 所示。它是基于半导体光电效应工作的。光敏电阻没有极性，是一个电阻器件，使用时可加直流电压，也可以加交流电压。光敏电阻的结构图与图形符号分别如图 4-2、图 4-3 所示。

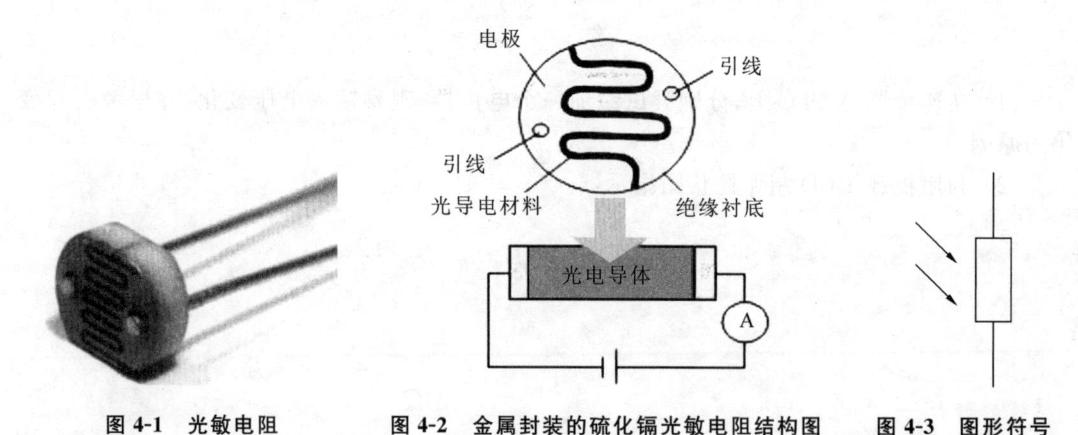

图 4-1　光敏电阻　　图 4-2　金属封装的硫化镉光敏电阻结构图　　图 4-3　图形符号

4.1.1　工作原理

光敏电阻工作原理如图 4-4 所示，当光照射到光电导体上时，若光电导体为本征半导体材料，而且光辐射能量又足够强，光导材料价带上的电子将激发到导带上去，从而使导带的电子和价带的空穴增加，致使光导体的电导率变大。为实现能级的跃迁，入射光的能量必须大于光导体材料的禁带宽度 E_g，即

$$h\nu = \frac{hc}{\lambda} = \frac{1.24}{\lambda} \geqslant E_g(\text{eV}) \tag{4-1}$$

式中：ν,λ——入射光的频率和波长。

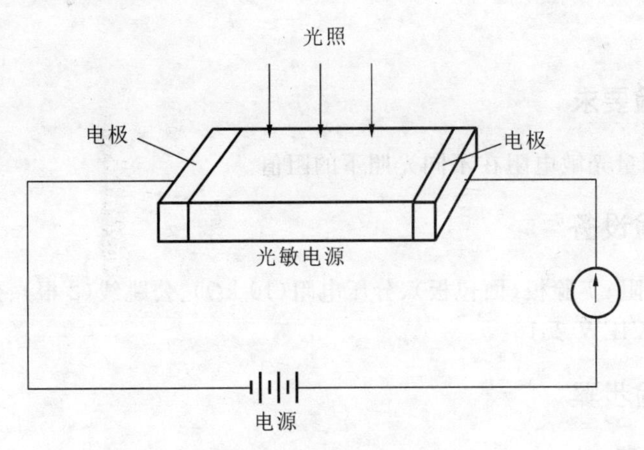

图 4-4　光敏电阻工作原理

一种光电导体，存在一个照射光的波长限 λ_C，只有波长小于 λ_C 的光照射在光电导体上，才能产生电子在能级间的跃迁，从而使光电导体电导率增加。

光敏电阻的工作原理如图 4-4 所示。管芯是一块安装在绝缘衬底上带有两个欧姆接触电极的光电导体。光导体吸收光子而产生的光电效应，只限于光照的表面薄层，虽然产生的载流子也有少数扩散到内部去，但扩散深度有限，因此光电导体一般都做成薄层。

4.1.2　参数特性

当无光照时，光敏电阻值(暗电阻)很大，电路中电流很小。当光敏电阻受到一定波长范围的光照时，它的阻值(亮电阻)急剧减小，因此电路中电流迅速增大。

光敏电阻的暗电阻越大且亮电阻越小，则性能越好，也就是说，暗电流要小，光电流要大，这样的光敏电阻的灵敏度就高。实际上，大多数光敏电阻的暗电阻往往超过 1 MΩ，甚至高达 100 MΩ，而亮电阻即使在正常白昼条件下也可降到 1kΩ 以下，可见光敏电阻的灵敏度是相当高的。

光照特性、伏安特性和光谱响应是光敏电阻的基本特性。

1. 光照特性

光照特性指光敏电阻输出的电信号随光照度而变化的特性。从光敏电阻的光照特性曲线可以看出，随着光照强度的增加，光敏电阻的阻值开始迅速下降。若进一步增大光照强度，则电阻值变化减小，然后逐渐趋向平缓。在大多数情况下，该特性为非线性。

2. 伏安特性

在一定照度下，加在光敏电阻两端的电压与电流之间的关系称为伏安特性。在给定偏压下，光照度较大，光电流也越大。在一定的光照度下，所加的电压越大，光电流越大，而且无饱和现象。但是电压不能无限地增大，因为任何光敏电阻都受额定功率、最高工作电压和额定电流的限制。超过最高工作电压和最大额定电流，可能导致光敏电阻永久性损坏。

3. 光谱响应

光谱响应又称光谱灵敏度，是指光敏电阻在不同波长的单色光照射下的灵敏度。若将不同波长下的灵敏度画成曲线，就可以得到光谱响应曲线。

4.2 示例实验

4.2.1 实验要求

用分压电路测量光敏电阻在不同光照下的阻值。

4.2.2 实验设备

硬件：光敏电阻、实验板（面包板）、分压电阻（10 kΩ）、公跳线（2 根）、公-母跳线（3 根）。
软件：NI LabVIEW 2016。

4.2.3 实验步骤

1. 建立接口电路

参考图 4-5 所示的电路图和实验板布局连接接口电路。接口电路可选择三条连接线与 NI myRIO MXP 连接器 B 连接：

① 5 V 电源→B/+5 V（针脚 1）；

② 接地→B/GND（针脚 6）；

③ 光敏电阻测量→B/AIO（针脚 3），使用欧姆表测量 10 kΩ 电阻的电阻值，LabVIEW VI 需要使用此值。

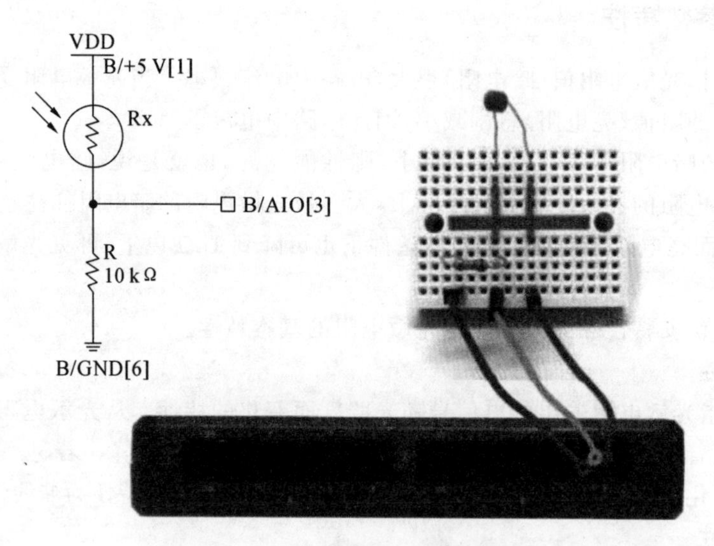

图 4-5　电路图和实验板布局

2. 创建 VI

程序前面板示例如图 4-6 所示。据此自己编写程序框图。

3. 运行 VI

VI 编辑完成后，点击运行按钮，VI 将被编译下载至 myRIO。下载完成后，改变环境光照度，观察光敏电阻阻值的变化。

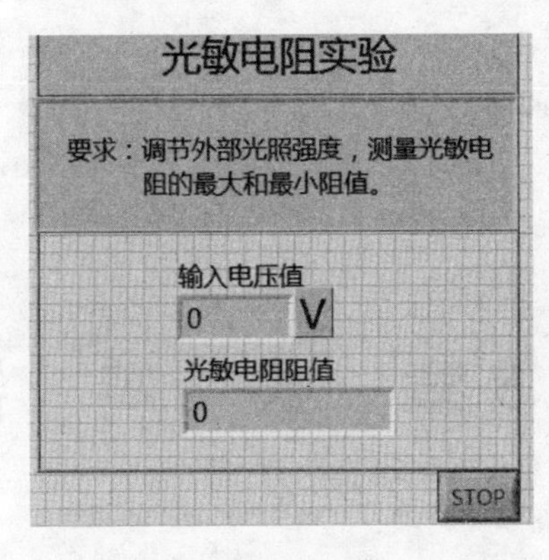

图 4-6　光敏电阻实验前面板示例

4. 检查

① VI 测量光敏电阻电阻值，在中等照明情况下，预期值在 1 kΩ 到 10 kΩ 范围内。

② 试着遮挡光源，观察电阻值上升，观察可以将电阻值升高到多少。

③ 使用手电筒照射光源，电阻值会下降，观察可以将电阻值降低到多少。

5. 故障排除

如果未能看到预期结果，请确认以下几点：

① NI myRIO 上的电源 LED 指示灯亮起；

② 工具栏上的运行按钮显示为 ，即 VI 处于运行模式；

③ MXP 连接器端子正确无误：确认使用的是连接器 B，并且针脚连接正确无误。

练　　习

光控调光灯

(1) 添加一个布尔型前面板控件，建立可由用户选择的分压器配置，即该控件的一种状态对应下方支路中的光敏电阻，另一种状态可以选择上方支路。调换光敏电阻和固定电阻的位置，确认所做的修改有效。

(2) 由 8 个 LED 组成一个房灯，利用光敏电阻建立“房灯打开”控制器。即当环境光足够亮时，所有的 LED 熄灭，随着环境光逐渐变暗，点亮的 LED 数量逐渐增加，直至 8 个 LED 都被点亮。在前面板上，用户可自定义不同的阈值电压。

第5章　蜂　鸣　器

学习目标

通过本章的学习：

① 了解蜂鸣器的工作原理；

② 掌握NI myRIO的PWM输出端口信号的方法；

③ 掌握晶体管的使用和基本蜂鸣器驱动电路设计方法。

5.1　蜂鸣器工作原理

蜂鸣器(buzzer)如图5-1所示，是一种一体化结构的电子信响器，采用直流电压供电，广泛应用于计算机、打印机、汽车电子设备等。蜂鸣器的图形符号如图5-2所示。

图5-1　蜂鸣器

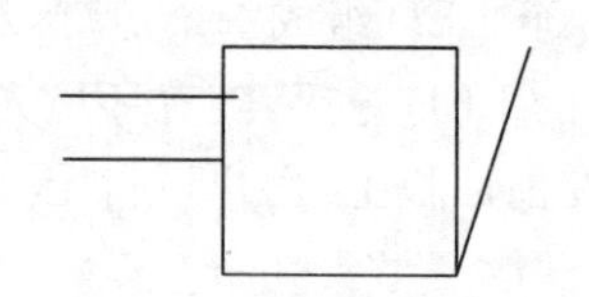

图5-2　蜂鸣器图形符号

5.1.1　类型

蜂鸣器主要分为压电式蜂鸣器和电磁式蜂鸣器两种类型。

(1) 压电式蜂鸣器主要由多谐振荡器、压电蜂鸣片、阻抗匹配器及共鸣箱、外壳等组成。有的压电式蜂鸣器外壳上还装有LED。

多谐振荡器由晶体管或集成电路构成。当接通电源(1.5～15 V直流工作电压)后，多谐振荡器起振，输出1.5～2.5 kHz的音频信号，阻抗匹配器推动压电蜂鸣片发声。

(2) 电磁式蜂鸣器由振荡器、电磁线圈、磁铁、振动膜片及外壳等组成。

接通电源后，振荡器产生的音频信号电流通过电磁线圈，使电磁线圈产生磁场。振动膜片在电磁线圈和磁铁的相互作用下，周期性地振动发声。

5.1.2 蜂鸣器的工作原理

蜂鸣器由振动装置和谐振装置组成，又分为无源他激型与有源自激型。

无源他激型蜂鸣器将方波信号输入谐振装置转换为声音信号输出，其工作发声原理如图 5-3 所示。

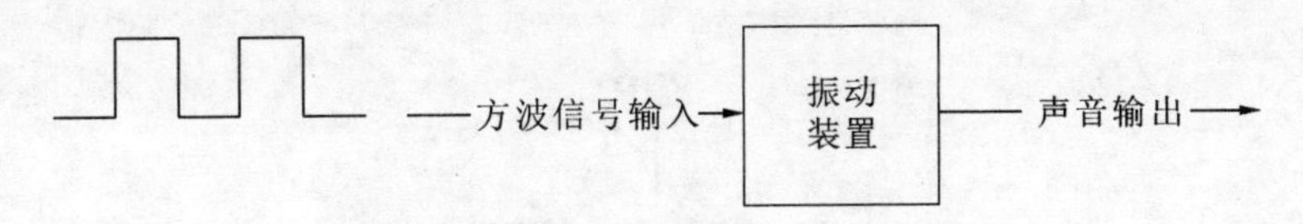

图 5-3 无源他激型蜂鸣器发声原理

有源自激型蜂鸣器将直流电源输入，经过振荡系统的放大取样电路在谐振装置作用下产生声音信号，其发声原理如图 5-4 所示。

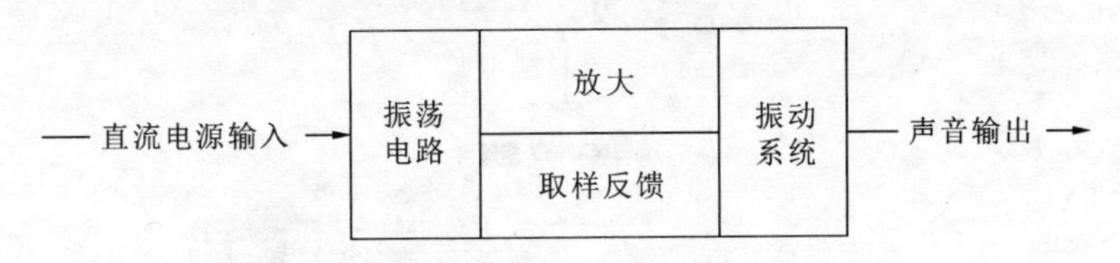

图 5-4 有源自激型蜂鸣器发声原理

5.2 示例实验

5.2.1 实验要求

通过上位机调整输出频率，控制蜂鸣器的音调。

5.2.2 实验设备

硬件：蜂鸣器/扬声器、1N3064 小信号二极管、2N3904 NPN 晶体管、电阻（1.0 kΩ）、实验板（面包板）、公跳线(1 根)、公-母跳线(3 根)。

软件：NI LabVIEW 2016。

5.2.3 实验步骤

1. 建立接口电路

参考图 5-5 所示的电路图和实验板推荐布局建立蜂鸣器实验电路。关于此接口电路，有如下几点应注意：

① 本实验采用的是无源他激型蜂鸣器，根据其工作原理，输入方波信号可使其发出声音，故蜂鸣器控制端接在 myRIO 的 PWM 输出端口；

② 由于蜂鸣器包含让小尺寸膜片形成振动的电磁线圈，而线圈电流约为 80 mA，远超 NI myRIO 数字输出驱动电流限值，故接口电路使用 NPN 晶体管作为接通和关闭线圈电流的开关；

③ 接口电路中使用一个二极管，其目的是使蜂鸣器免受晶体管突然切断线圈电流时产

生的反电动势峰值电压的损害。

本接口电路需要三条跳线与 NI myRIO MXP 连接器 B 连接：

① 1.5V 电源→B/+5V(针脚 1)；

② 接地→B/GND(针脚 6)；

③ 蜂鸣器/扬声器控制→B/PWM0(针脚 27)。

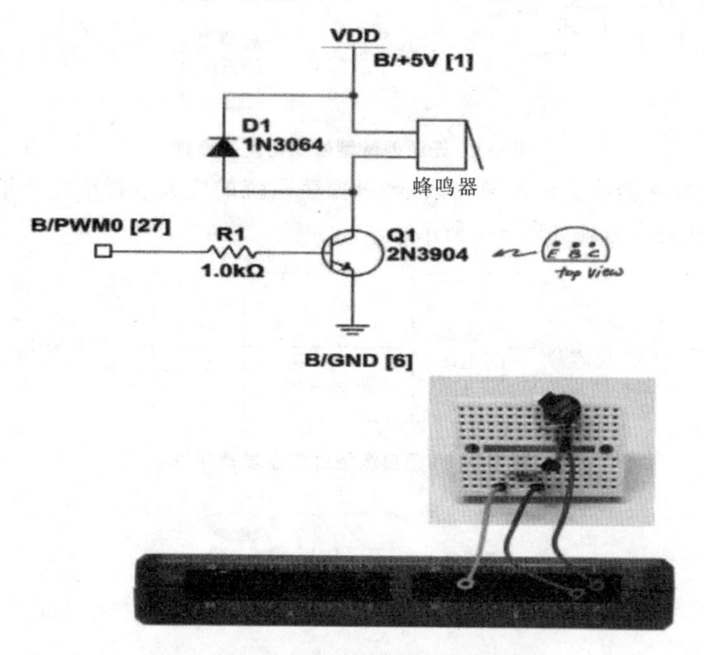

图 5-5　蜂鸣器实验电路图和推荐布局

2. 创建 VI

按图 5-6 所示前面板和程序框图创建 VI。

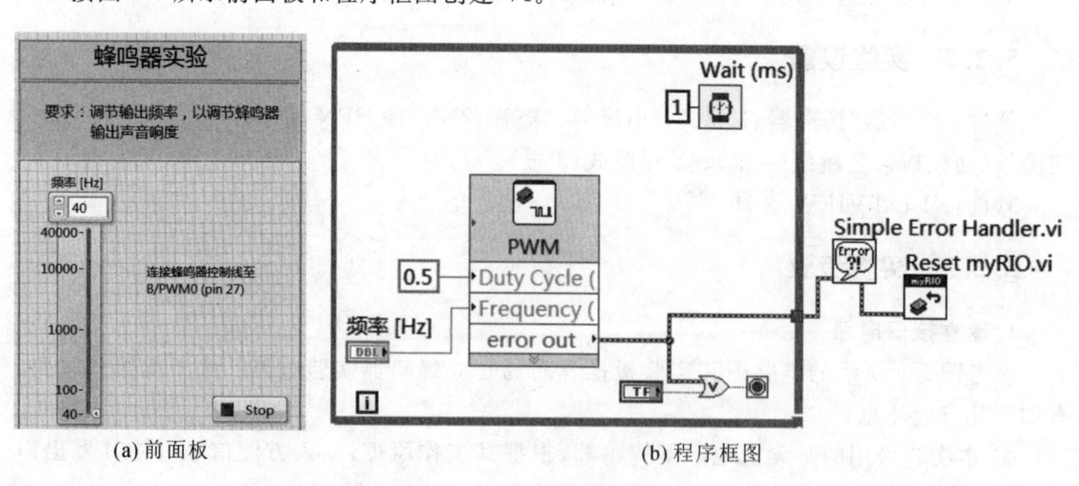

(a) 前面板　　(b) 程序框图

图 5-6　蜂鸣器实验程序示例

注：本例用 myRIO 的 PWM 输出产生方波信号，因此，程序中用到的是“PWM”VI。

3. 运行程序

点击工具栏上的“Run”按钮或按 Ctrl+R。在 VI 开始运行之前，屏幕上显示“Deployment Process”窗口，展示此程序编译并下载到 NI myRIO 的进度。下载完成后，点击“Deployment Process"窗口的"Close"选项，可让 VI 自动开始运行。

4. 检查

调节前面板控件"频率［Hz］"以改变输出频率，可听到蜂鸣器音调发生变化，检查声音输出频率最高可以达到多少，可以听到的频率最高可以达到多少。

5. 故障解决

未能听到预期结果，请确认以下几点：

① NI myRIO 上的电源 LED 指示灯亮起；

② 工具栏上的运行按钮显示为 ➡，即 VI 处于运行模式；

③ 晶体管方向正确无误：晶体管有一侧为圆形；

④ 二极管方向正确无误：若二极管方向装反，蜂鸣器/扬声器电圈永远达不到接通所需的电压等级。

练　　习

(1) 创建报警条件，使蜂鸣器实现双音调报警。

(2) 添加一个前面板控件，以调整波形脉冲宽度（所谓的"占空比"），幅度为 0～100%。观察窄脉冲（低占空比）对各种频率的音调质量有何影响。

第 6 章　矩阵键盘

学习目标

通过本章的学习：

① 了解矩阵键盘工作原理；

② 掌握键盘开关数组使用的矩阵连接方法；

③ 掌握扫描法和反转法的使用；

④ 学会按键解码方式；

⑤ 学会使用 Digital Output VIs 控制矩阵键盘编程方法。

6.1　矩阵键盘的工作原理与检测方法

6.1.1　矩阵键盘工作原理

矩阵键盘是一个基本的人机交互组件。图 6-1 是本实验采用的矩阵键盘。这个键盘的按钮开关都被连接至一个 4×4 矩阵上，使单个与复数按键操作都可被读取。矩阵键盘占用 8 个标准 I/O 口，实现 16 键扫描。

图 6-1　4×4 矩阵键盘

矩阵键盘的电路图如图 6-2 所示。

矩阵键盘的电路由行线和列线组成，按键位于行、列的交叉点上。当键被按下时，其交点的行线和列线接通，相应的行线或列线上的电平发生变化，myRIO 通过检测行或列线上的电平变化确定哪个按键被按下。

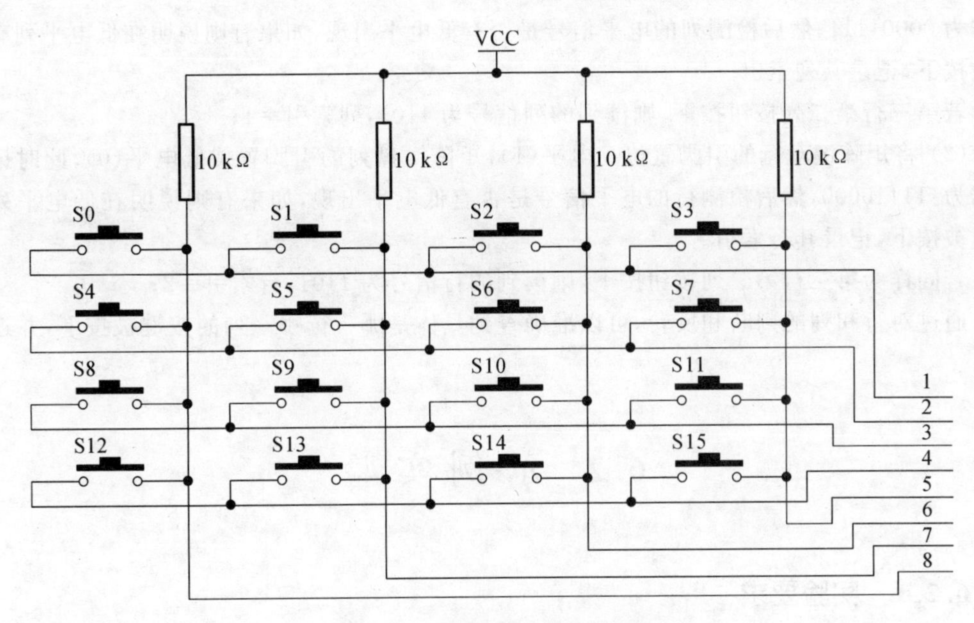

图6-2 矩阵键盘的内部电路图

矩阵键盘不仅在连接上比单独按键复杂，它的按键识别方法也比单独按键复杂。矩阵键盘的按键识别方法有多种，常见的有：行扫描法、反转法等。

6.1.2 行扫描法

行扫描法又称为逐行(或列)扫描查询法，是一种最常用的按键识别方法。对于图6-2所示键盘电路图(1～4为行线，5～8为列线)，行扫描法的具体过程如下。

步骤1：判断键盘中有无键按下。将行线1～4全部置低电平，然后检测列线5～8的状态。只要有一列的电平为低，则表示键盘中有键被按下，而且闭合的键位于低电平线与4根行线相交叉的4个按键之中。若所有列线均为高电平，则键盘中无键按下。

步骤2：判断闭合键所在的位置。在确认有键按下后，即进入确定具体闭合键的过程。其方法是：依次将行线置为低电平，即在置某根行线为低电平时，其他线为高电平。在确定某根行线位置为低电平后，再逐行检测各列线的电平状态。若某列为低，则该列线与置为低电平的行线交叉处的按键就是闭合的按键。

从电路图6-2中可以看出，键盘的所有行线和列线都接了上拉电阻，这是为了确保在没有按键按下的时候，I/O口的电平状态始终为高电平，从而消除外界干扰。

6.1.3 反转法

对于行扫描法，程序在执行时必须逐行扫描矩阵键盘连接引脚的电平，检测是否有键盘按钮被按下。而在扫描各个端口的时候，一次只能扫描矩阵键盘的一行或一列，只有同时记录被按下按键的行和列才能决定按键的坐标。使用这种方法，程序的执行效率就与矩阵的行数(m行)和列数(n列)有关，每次需要检测$m \times n$次，降低了程序的执行效率。

而反转法却能弥补这一缺陷，只需要执行两次，就能检测是否有键被按下。反转法识别按键的过程如下：

(1) 将矩阵键盘列的引脚置位高电平(1)，矩阵键盘行的引脚置位低电平(0)，此时记录数据为00001111;然后检测列的电平信号是否有低电平出现,如果有则说明在低电平列有按钮被按下,记录其列索引。

若第三行第二列按钮按下,则读到的列信号为1101,列索引=1;

(2) 将矩阵键盘行的引脚置位高电平(1),矩阵键盘列的引脚置位低电平(0),此时记录数据为:11110000,然后检测行的电平信号是否有低电平出现,如果有则说明在低电平列有按钮被按下,记录其行索引。

若同样为第三行第二列按钮按下,则读到的行信号为1101,行索引=2;

通过对行和列的判断和反转,可以准确查到具体是哪一行哪一列的按键被按下,并返回索引。

6.2 示例实验

6.2.1 实验要求

选择合适的方法,实现矩阵键盘的按键识别。

6.2.2 实验设备

硬件:4×4 矩阵键盘、跳线(公-母)八根。

软件:NI LabVIEW 2016。

6.2.3 实验步骤

1. 建立接口电路

参考图6-3连接myRIO接口电路。矩阵键盘需要八个接口连接至NI myRIO MXP连接器B(或者A也可以)对应的端口,具体对应引脚和接线如下:

① 引脚1→B/DIO0(pin 11)

② 引脚2→B/DIO1(pin 13)

③ 引脚3→B/DIO2(pin 15)

④ 引脚4→B/DIO3(pin 17)

⑤ 引脚5→B/DIO4(pin 19)

⑥ 引脚6→B/DIO5(pin 21)

⑦ 引脚7→B/DIO6(pin 23)

⑧ 引脚8→B/DIO7(pin 25)

2. 创建 VI

矩阵键盘程序示例如图6-4所示。

3. 运行程序

确认NI myRIO连接至电脑后,点击工具栏上的“Run”按钮或按Ctrl+R。在VI开始运行之前,屏幕上显示“Deployment Process”窗口,展示此程序编译并下载到NI myRIO的进度。下载完成后,点击“Deployment Process”窗口的“Close”选项,可让VI自动开始运行。

注:也可勾选“Close on successful completion”,编译下载完成后,VI会自动运行。

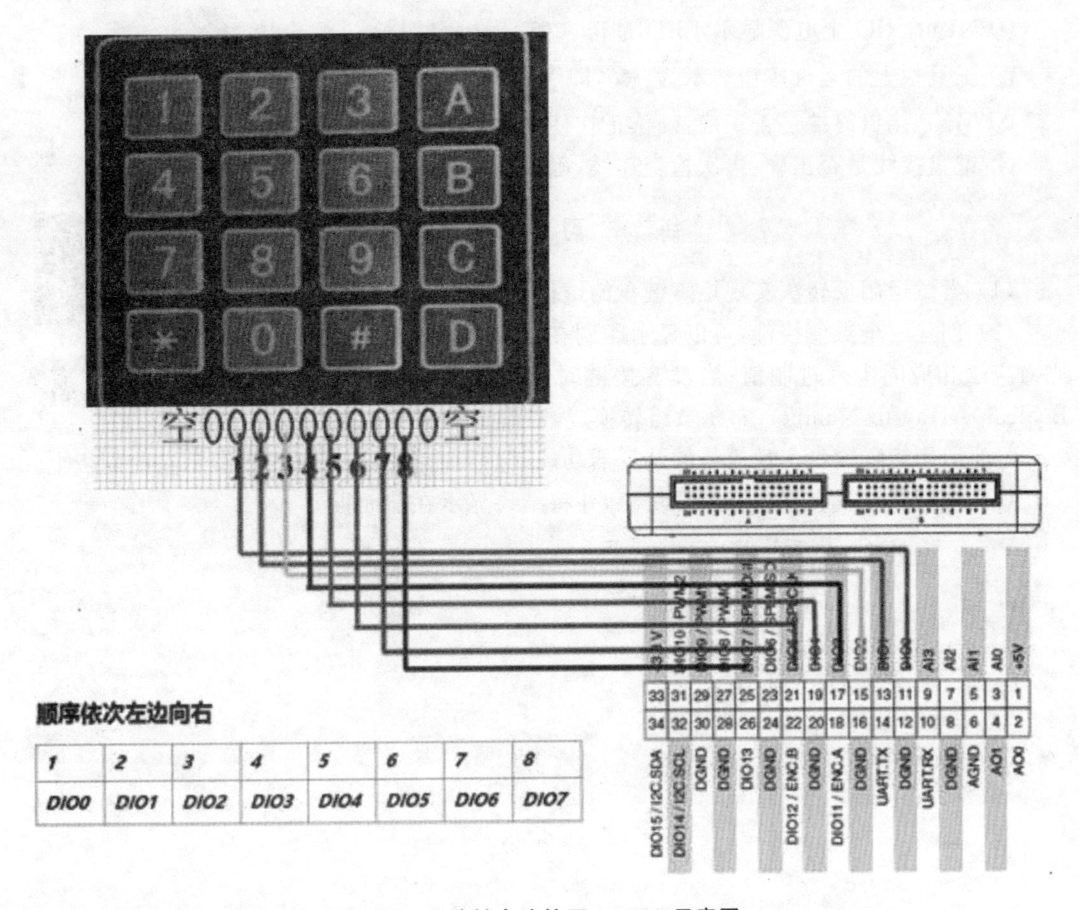

图 6-3　矩阵键盘连接至 myRIO 示意图

(a) 前面板

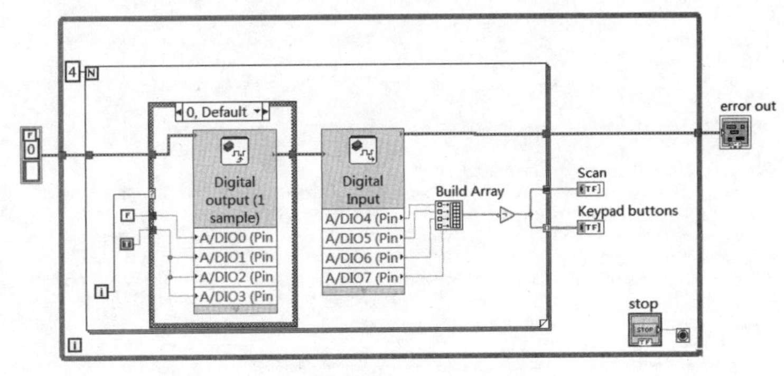

(b) 后面板

图 6-4　矩阵键盘程序示例

4. 检查

① 尝试各种各样的单键组合并确认始终只有一个 LED 指示灯是点亮的；

② 确认键盘按钮的位置指示器完全匹配按下的按钮的位置；

③ 尝试几个双键的组合，看它们是否都正常运行。

④ 尝试几个多键组合，看是否会导致不正确的显示。

5. 故障解决

若未看到预期结果，请参考如下几点进行检查：

① NI myRIO 上电源显示 LED 是否点亮；

② 工具栏上的运行按钮显示为 ➡，即 VI 处于运行模式；

③ MXP 接口终端是否正确：确认正在使用接口 B 以及引脚连接正确；

④ 键盘接线是否正确：再次检查连线，确认行和列的连线没有接反。

练　习

矩阵键盘反转法讲解

(1) 尝试运用反转法实现矩阵键盘的键值检测。

(2) 创建一个数值控件，可以显示印刷在小键盘按键上的相同数值，字母则对应于相应的十六进制值；当没有按键时控件应该显示“−1”。考虑使用 Boolean Array to Number(布尔数组转换成数字)节点和一个条件分支结构。

(3) 运用矩阵键盘实现简易的计算器功能，包括加减乘除，计算结果显示在前面板上。

(4) 使计算器具有累加(记忆)功能，并将结果显示在前面板上。

第 7 章　LCD 液晶显示器——基于 I2C

学习目标

通过本章的学习：

① 了解配置 I2C 通信串口所需的时钟频率；

② 能够发送字符并显示在显示器上；

③ 能够发送转义字符来调整显示器模式；

④ LabVIEW 编程方面：学习掌握如何使用 I2C Express VI 来读写字符串，包括含有特殊字符的字符串。

7.1　I2C LCD 字符显示器

LCD 字符显示器能用 ASCII 码字符串显示 LabVIEW 结构框图代码中的测量结果、状态和条件，同时它也为用户界面提供了很好的可视化反馈信息。图 7-1 所示为 I2C LCD 字符显示器正面和背面实物图。

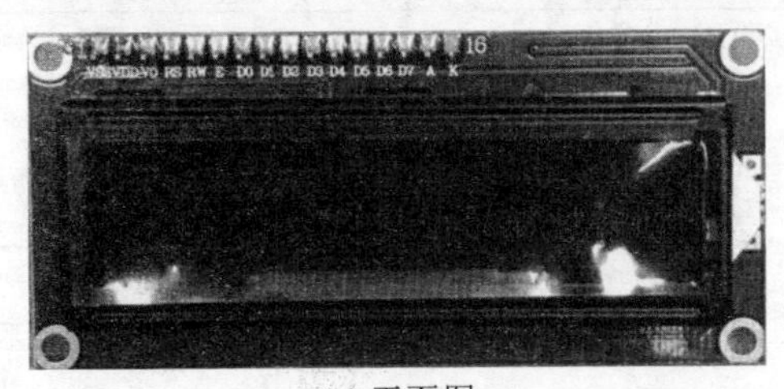

(a) 正面图

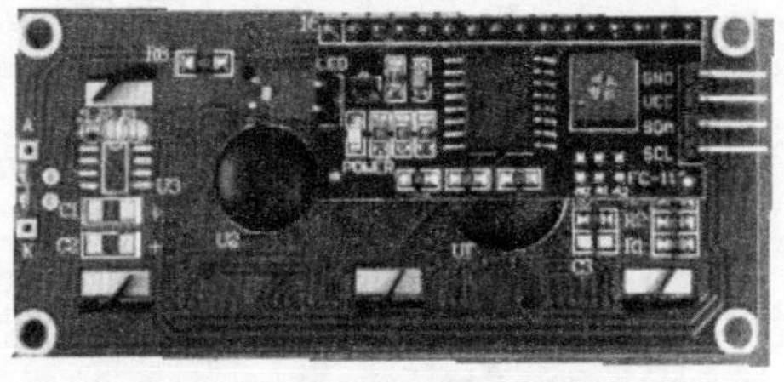

(b) 背面图

图 7-1　I2C LCD 字符显示器实物图

此 I2C LCD 字符显示器配置 HD44780 控制器和 PCF8574A I2C 转换接口，其有四个引脚，各引脚的功能见表 7-1。

表 7-1　I2C LCD 字符显示器引脚功能

引脚	功能
GND	系统电源负极
VCC	系统电源正极

续表

引脚	功能
SDA	I2C 数据线
SCL	I2C 线

PCF8574A I2C 转换接口如图 7-2 所示，其设备地址是由驱动芯片的 A0/A1/A2 脚的电位决定的。这三只脚预设为上拉至高电位，预设的地址为 0x3F。可以通过短接 A0、A1、A2 引脚，改变设备地址，引脚地址见表 7-2。

图 7-2 PCF8574A I2C 转换接口实物图

表 7-2 PCF8574A 引脚地址

A2	A1	A0	地址
0	0	0	38h
0	0	1	39h
0	1	0	3Ah
0	1	1	3Bh
1	0	0	3Ch
1	0	1	3Dh
1	1	0	3Eh
1	1	1	3Fh

注：此地址信息来自 PCF8574A 芯片用户手册，如果采用的是其他芯片，请按所用芯片的用户手册确定设备地址。

7.2 LCD_I2C VI

LabVIEW 提供使用 I2C LCD 字符显示器的相关 VI，在对 LCD 字符显示器进行操作时可直接调用这些 VI。它们分别为 Open. vi, Init. vi, GoTo&Write. vi 和 Close. vi。其说明如表 7-3 所示。

表 7-3　LCD_I2C 相关 VI

VI	功能
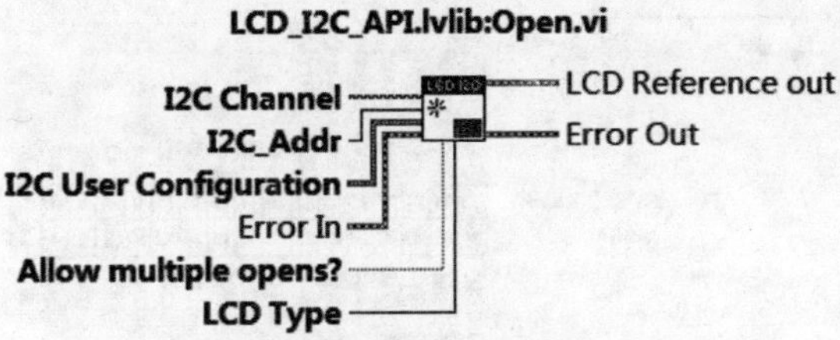 LCD_I2C_API.lvlib:Open.vi I2C Channel I2C_Addr I2C User Configuration Error In Allow multiple opens? LCD Type LCD Reference out Error Out	为配备 HD44780 控制器和 PCF8574AT 转换接口的 LCD 创建 I2C 连接。默认地址为 0x3F(相关详细信息,请参阅 PCF8574AT 文档)。仅适用 100 Kb/s I2C 通信
 LCD_I2C_API.lvlib:Init.vi LCD Reference In Error In LCD Reference Out Error Out	初始化 LCD,使其进入正常工作模式,建立 4 位通信
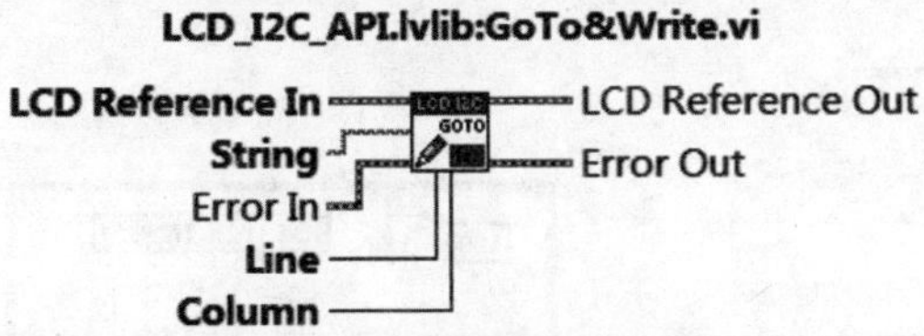 LCD_I2C_API.lvlib:GoTo&Write.vi LCD Reference In String Error In Line Column LCD Reference Out Error Out	将光标位置设置到选定的行和列,并在 LCD 屏上写入一个字符串,不要超过最大行长度,以避免出现意外故障
 LCD_I2C_API.lvlib:Close.vi LCD Reference In Error In Error Out	关闭 LCD I2C

7.3　示例实验

7.3.1　实验要求

用 1602 LCD 液晶显示器显示当前 myRIO 的空间角度。

7.3.2　实验设备

硬件：① LCD 液晶显示器；②I2C 串口；③跳线(公-母)四根。

软件：NI LabVIEW 2016。

7.3.3　实验步骤

1. 建立接口电路

参考图 7-3 搭建电路。PCF8574A I2C 转换接口需要四个接口连接至 NI myRIO MXP 接口 A 或者 B。

① +5 V 电源→A/+5 V(pin1)；

② 接地→A/GND(pin30)；

③ SDA 数据口→A/I2C. SDA(pin34)；

④ SCL 时钟→A/I2C. SCL(pin32)。

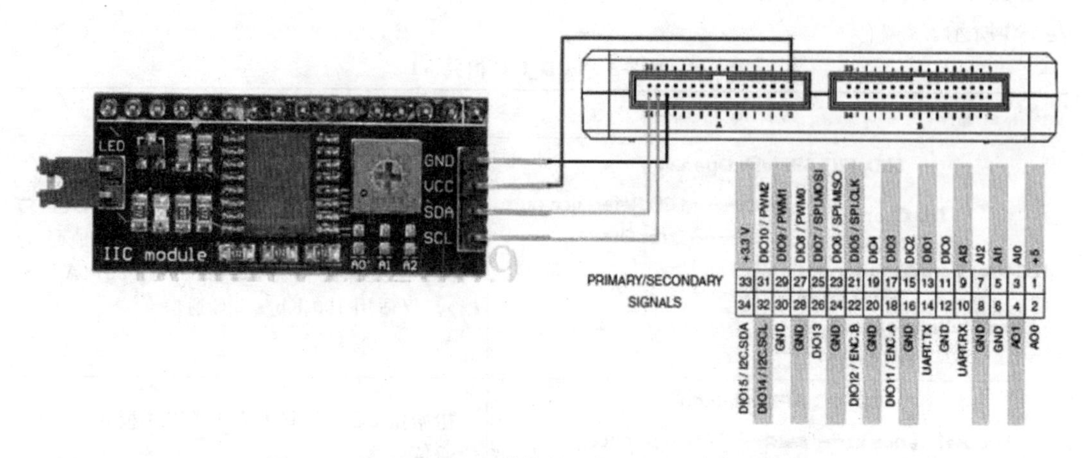

图 7-3　PCF8574A I2C 转换接口与 myRIO 连接示意图

2. 创建 VI

按如图 7-4 所示前面板与程序框图创建 VI。

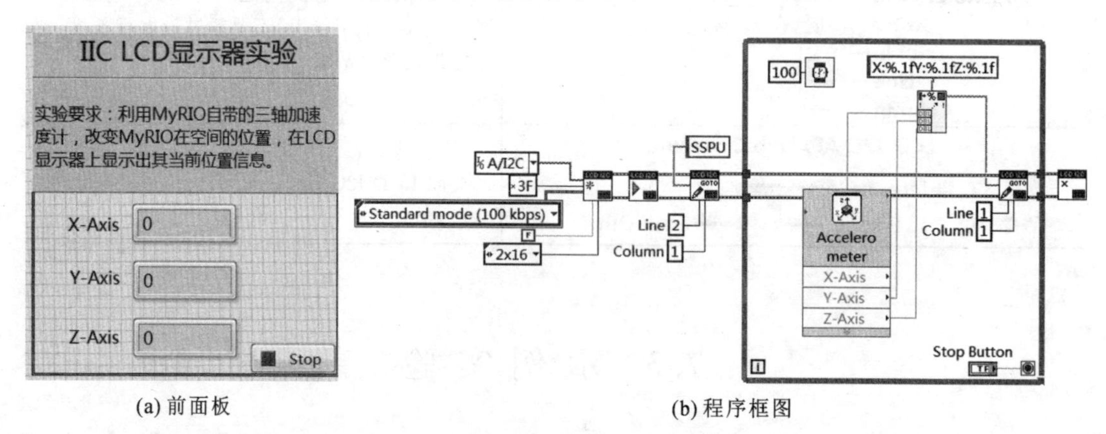

(a) 前面板　　　　(b) 程序框图

图 7-4　液晶显示器前面板及程序框图

3. 运行程序

点击工具栏上的运行按钮或按 Ctrl+R。在 VI 开始运行之前，屏幕上显示“Deployment Process”窗口，展示此程序编译并下载到 NI myRIO 的进度。下载完成后，点击“Deployment Process”窗口的“Close”选项，可让 VI 自动开始运行。

注：也可勾选“Close on successful completion”，编译下载完成后，VI 会自动运行。

4. 检查

这个实例 VI 显示了 NI myRIO 机载三轴加速度计的三个值(X、Y、Z 三个方向)以及在 myRIO 底部字符 SSPU；改变 myRIO 的方向可以看见加速度计的值发生了变化，摇晃 myRIO 可以看到加速度计的值变大。

5. 故障解决

如果没有看到预期结果，请参考检查如下几点：

① myRIO 上电源显示 LED 是否点亮。

② 工具栏上的运行按钮显示为 ➡，即 VI 处于运行模式；

③ MXP 接口终端是否正确：确认正在使用接口 A 或 B 以及正确的引脚。

④ LCD 字符显示器端口是否正确：再次检查连接，确认把 NI myRIO I2C“SCL”“SDA”输出连接到了 I2C 转接板“SCL”“SDA”输入口；同时检查电源没有关闭。

⑤ LCD 显示屏没有显示内容，可调节显示屏背面的可变电阻(图 7-5 中的方框内)进行显示器对比度调节。

图 7-5　调节显示屏背面的可变电阻

⑥ 如果 LCD 显示屏显示的为实心方块，则应检查驱动芯片，如图 7-6 所示，这是由于程序代码没有正确指定 I2C 设备的地址，示例程序预设使用的 I2C 转换器驱动芯片为 PCF8574A，其对应到的 I2C 地址是 0x3F。若使用的 I2C 转换器驱动芯片为 PCF8574，那么其地址则为 0x27。故应检查驱动芯片，如图 7-7 所示。

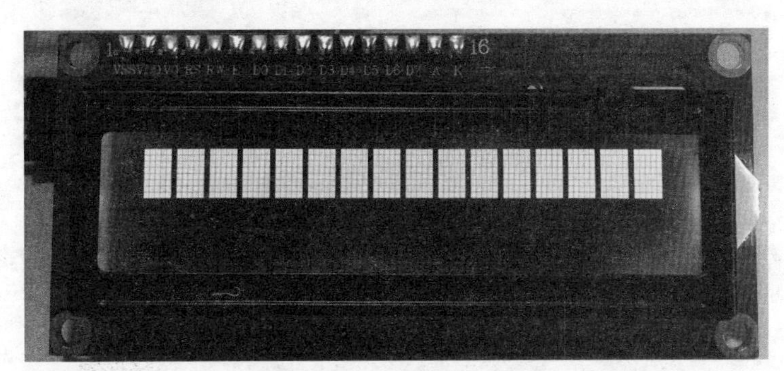

图 7-6　LCD 显示屏显示实心方块

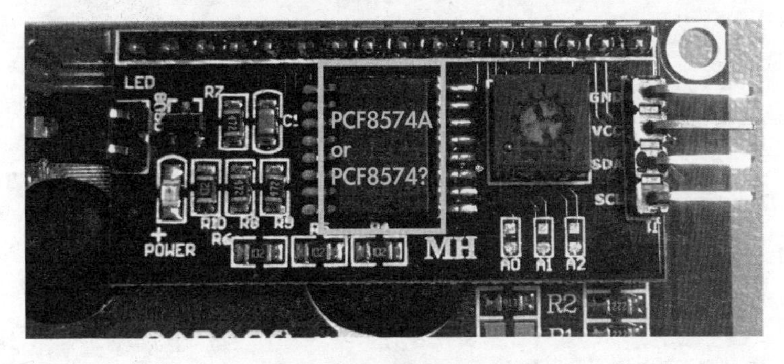

图 7-7　检查驱动芯片

练　习

(1) 运用矩阵键盘实现简易的计算器功能，包括加减乘除，计算结果显示在LCD显示器上。

(2) 使计算器具有累加(记忆)功能，并将结果显示在LCD显示器上。

第8章　EEPROM

实验目标

通过本章的学习：

① 掌握 Microchip 25LC040A 的特性和器件引脚描述；

② 学会应用 25LC040A 指令集读写数据到存储器阵列和状态寄存器；

③ 掌握 LabVIEW SPI 通信方法，了解 SPI VI 的读写数据的方法。

EEPROM(电可擦除可编程只读存储器)提供即使在断电时仍然存在的非易失性数据存储。EEPROM 可用作传感器校准表、数字键和自适应设备。串行 EEPROM(见图 8-1)提供 4 KB 存储容量，组织为 512 个可通过 SPI 串行总线访问的 8 位字节数组。

图 8-1　NI myRIO 嵌入式系统套件的串行 EEPROM

8.1　认识 25LC040A

25LC040A 是一个 4 KB 串行电可擦除可编程的只读存储器(EEPROM)。通过一个简单的与串行外围设备接口(SPI)兼容的串行总线访问内存，需要的总线信号有：时钟输入(SCK)，数据输入(SI)、数据输出(SO)，通过芯片选择端(CS)来控制对设备的访问，通过保持引脚(HOLD)暂停与器件的通信。当器件通信暂停时，其输入将被忽略，芯片选择除外，允许主机为更高优先级的中断服务。

8.1.1　25LC040A 的引脚定义

25LC040A 采用标准封装(包括 8 引脚 PDIP 和 SOIC)和高级封装(包括 8 引脚 MSOP、8 引脚 TSSOP 和旋转 TSSOP、8 引脚 DFN 和 6 引脚 SOT-23),如图 8-2 所示,各引脚功能如表 8-1 所示。

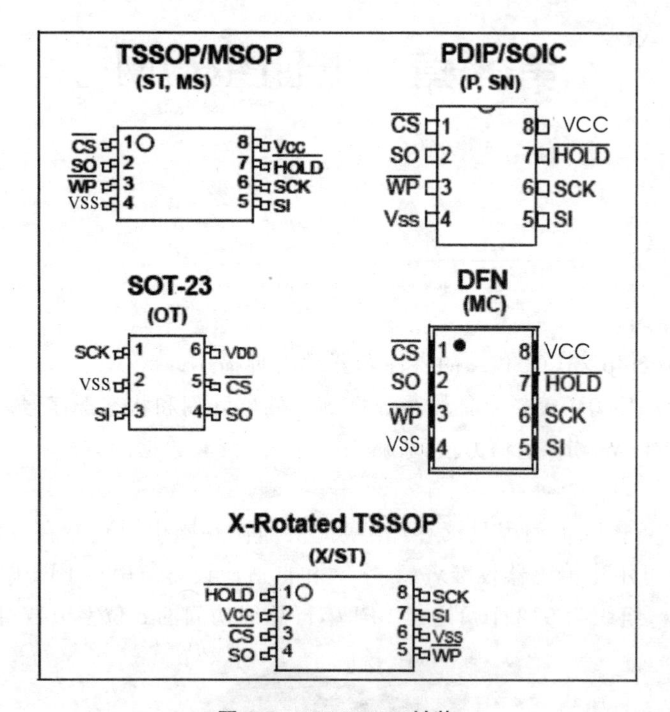

图 8-2　25LC040A 封装

表 8-1　25LC040A 引脚功能列表

引脚名称	功　能
$\overline{\text{CS}}$	片选信号输入
SO	串行数据输出
$\overline{\text{WP}}$	写入保护
VSS	地
SI	串行数据输入
SCK	串行时钟输入
$\overline{\text{HOLD}}$	保持输入
VCC	电源电压

1) 片选信号输入($\overline{\text{CS}}$)

对$\overline{\text{CS}}$输入低电平则选定该设备,若对$\overline{\text{CS}}$输入高电平则取消选定该设备并进入备用模式。然而,如果一个程序周期已经要开始了或是正在进行,则无论 CS 输入的是什么信号,这个周期会被完成。如果 CS 在一个程序周期内给了高电平,那么当这个程序周期完成时,设备将进入备用模式。当取消选定该设备时，SO 将会进入高阻态状态，允许多个部分共享同一个 SPI 总线。在有效地写完序列之后，对 CS 从低到高的转变会引发一个内部的写周期。

2）串行输出(SO)

SO 引脚用来将数据传出 25CL040A。在一个读周期内，数据在串行时钟的下降沿从 SO 引脚传出。

3）写保护($\overline{WP}$)

$\overline{WP}$引脚用于硬件写保护输入。当$\overline{WP}$输入低电平时，所有的写入操作对于状态寄存器阵列都会失效，但其他的一切操作都正常。当$\overline{WP}$输入高电平，所有的功能，包括非易失性写入，都可以正常使用。无论何时，当$\overline{WP}$在低电平时，写使能复位锁存器将被重置，程序会被禁止。然而，如果一个写周期已经在进行中了，$\overline{WP}$输入低电平也不会改变或停止这一写周期。

4）串行输入 (SI)

SI 引脚用于将数据传输到设备中。它接收指令、地址和数据。数据被锁定在串行时钟的上升边缘。

5）串行时钟(SCK)

SCK 用于同步主机和 25LC040A 之间的通信。SI 引脚上的指令、地址或数据被锁定在时钟输入的上升边缘，而 SO 引脚上的数据在时钟输入下降边缘后被更新。

6）$\overline{HOLD}$

当处于串行序列的中间，$\overline{HOLD}$引脚被用来暂停传输数据到 25CL040A，而不需要重新传输整个序列。必须在任何时刻保持高位，这个功能不会被使用。一旦设备被选中，串行序列正在进行传输，$\overline{HOLD}$引脚可能会被拉低，以暂停进一步的串行通信，而不会重新设置串行序列。在 SCK 较低的情况下，$\overline{HOLD}$引脚必须被调用，否则，在下一次 SCK 由高到低转换之前，HOLD 引脚将不会被调用。在这个序列中，必须保留 25CL040A。SI、SCK 和 SO 引脚在一个高阻抗状态下，设备会暂停，这些引脚上的数据传输将被忽略。要恢复串行通信，必须在 SCK 引脚较低的情况下进行，否则串行通信不会恢复。在任何时候拉低 $\overline{HOLD}$ 引脚都将使 SO 引脚停止。

8.1.2　25LC040A 的指令表

25CL040A 包含一个 8 位指令寄存器。该设备通过 SI 引脚访问，数据被锁定在 SCK 的上升沿。在操作中$\overline{CS}$引脚必须为低，而$\overline{HOLD}$引脚必须为高。表 8-2 包含一个列表设备操作指令字节和格式。所有的指令、地址和数据都是先传输 MSb，再传输 LSb。在 SCK 下降后的第一个上升沿采样数据(SI)。

表 8-2　25LC040A 的指令表

指令名	指令格式	功能描述
读取	0000 A8011	从被选择地址起的内存数组读取数据
写入	0000 A8010	在被选择地址起的内存数组中写入数据
WRDI	0000 x100	重置写入使能锁(禁用写入操作)
WREN	0000 x110	设置写入使能锁 (启用写入操作)

续表

指令名	指令格式	功能描述
RDSR	0000 x101	读取状态寄存器
WRSR	0000 x001	写入状态寄存器

注：A8是第9位地址位，A8被用来给整个512位数组分配地址。x表示取0取1均可。

8.1.3　读取顺序

该装置通过拉低$\overline{CS}$来选择读取数据。8位读指令被传送到25CL040A，后面跟着一个9位地址。在指令序列中，MSb (AB)被发送到从服务器，详细信息参见图8-3。在发送正确的读指令和地址后，将存储在选定地址的内存中的数据移出到SO引脚。存储在下一个地址的内存中的数据可以通过继续向服务器提供时钟脉冲顺序读取。在移出每个字节的数据之后，内部地址指针会自动增加到下一个更高的地址。当到达最高地址(1 FFh)时，地址计数器转到地址000h，允许无限地继续读循环，读取操作通过拉高$\overline{CS}$引脚结束(见图8-3)。

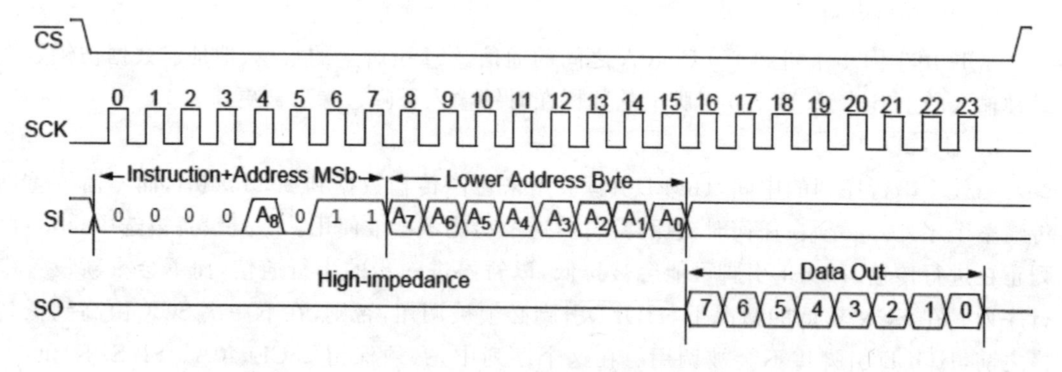

图8-3　25LC040A读取顺序

8.1.4　写入顺序

在尝试将数据写入25CL040A之前，必须通过发出WREN指令(见图8-4)来设置write使能锁。这是通过设置$\overline{CS}$为低电平，然后时钟输出正确的指令到25CL040A完成的。在所有8位指令被传输之后，$\overline{CS}$必须被驱动到高位来设置写入使能锁。

如果写入操作在没有$\overline{CS}$驱动高的WREN指令之后立即启动，数据将不会写入数组，因为写入使能锁没有正确设置。在设置写入使能锁后，用户可以继续执行以下操作：将$\overline{CS}$拉低，发出写入指令，然后是地址的其余部分，然后是要写入的数据。请记住，最重要的地址位(A8)包含在25CL040A的指令字节中。在需要写循环之前，最多可以向设备发送16字节的数据。唯一的限制是所有字节必须驻留在同一个页面中。此外，一个页面地址从xxxx 0000开始，到xxxx 1111结束。如果内部时钟地址计数到xxxx 1111并且时钟信号持续应用到芯片上，地址计数器将会回到页面的第一个地址，并覆盖以前存在于这些位置的所有数据。

为了数据被准确地写入数组，必须在第n个数据字节的最小有效位(DO)被记录之后将$\overline{CS}$拉高。如果$\overline{CS}$在任一其他时间被拉高，将不能实现写入操作。有关字节写入序列和页面写入序列的详细说明，请参阅图8-4至图8-7。

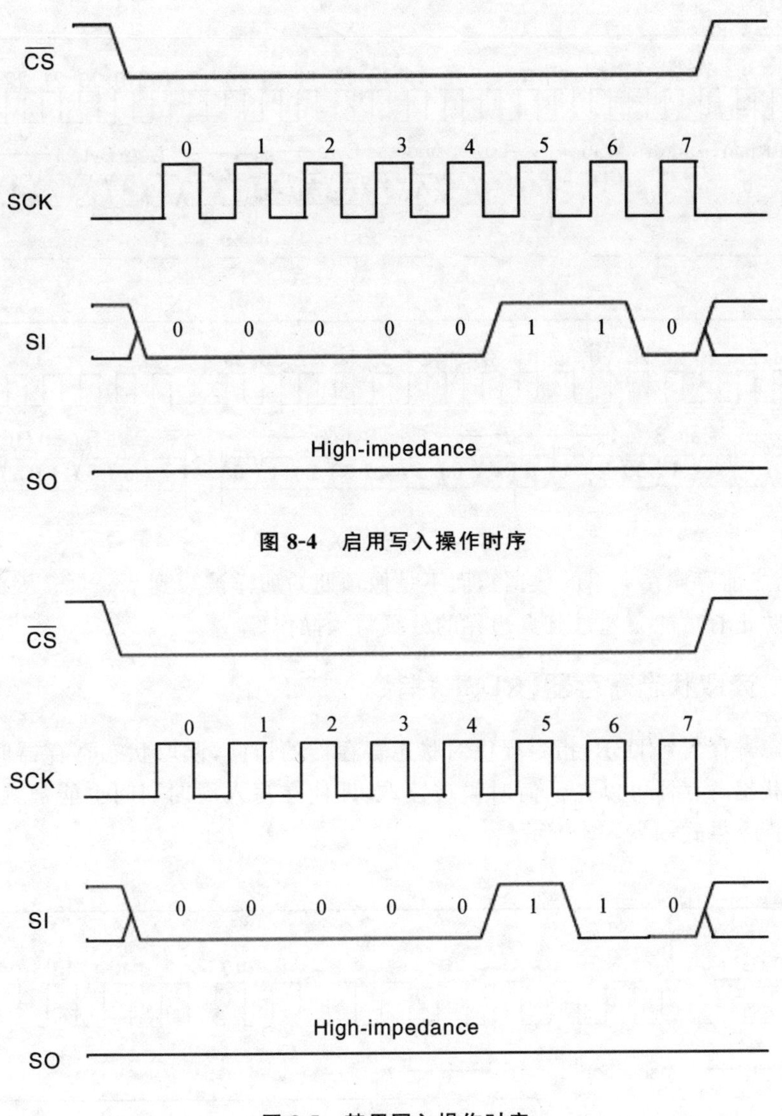

图 8-4　启用写入操作时序

图 8-5　禁用写入操作时序

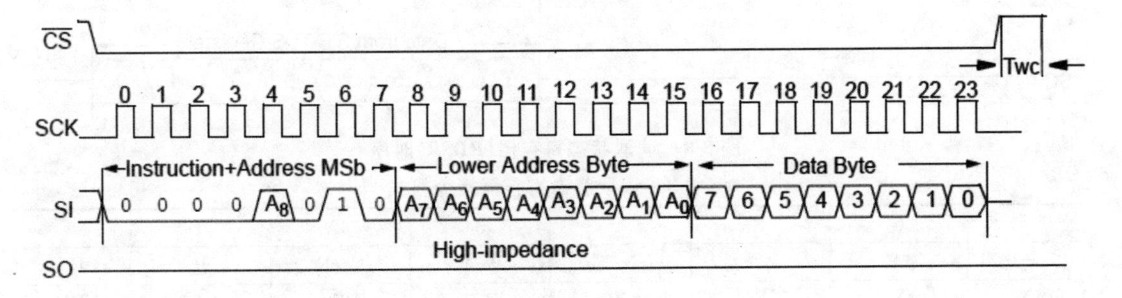

图 8-6　字节写入时序

页面写入操作仅限于在单物理页面中写入字节，而不考虑实际写入的字节数。物理页面边界以页面缓冲区大小(或“页面大小”)整数倍数的地址开始，以分页长度－1 的整数倍数地址结束。如果分页写入命令尝试写入超过物理分页边界，结果是数据会绕到当前页面

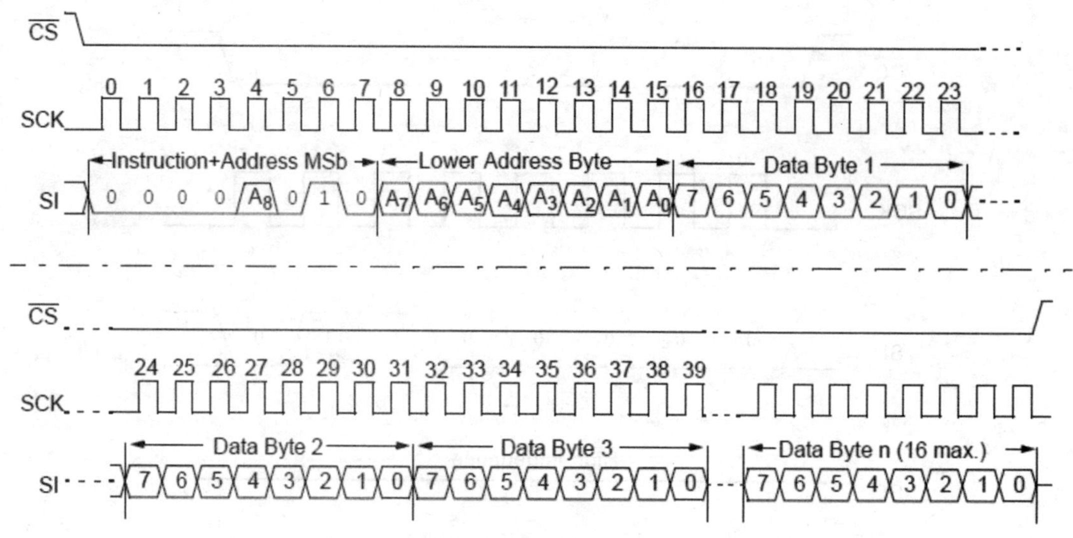

图 8-7　分页写入时序

的开头(覆盖之前存储在那里的数据),而不是像预期的那样被写到下一页。因此,应用程序软件有必要防止有可能会超过分页边界的分页写入操作。

8.1.5　读取状态寄存器(RDSR)指令

读取状态寄存器(RDSR)指令提供对状态寄存器的访问,读取状态寄存器时序如图 8-8 所示。读取状态寄存器可以在任何时候被读取,即使在写入周期期间也能被读取。读取状态寄存器的指令格式如表 8-3 所示。

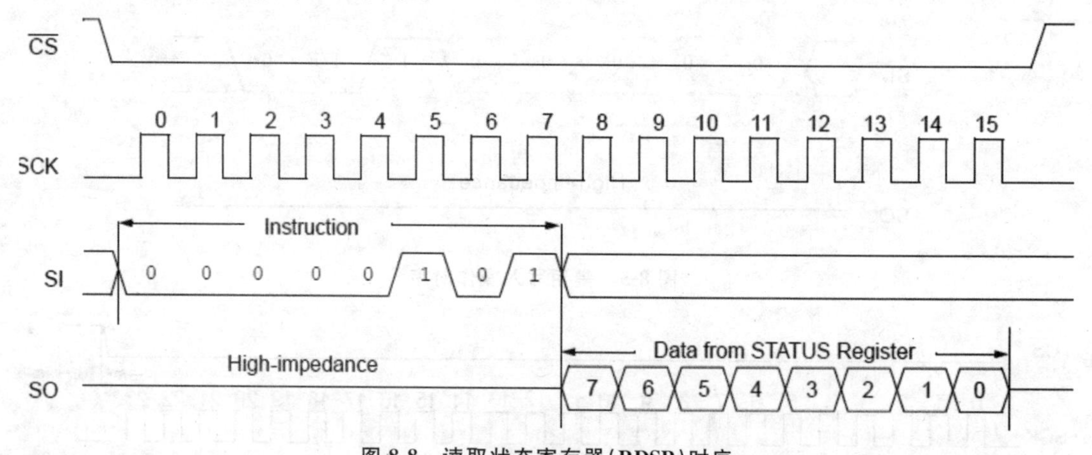

图 8-8　读取状态寄存器(RDSR)时序

表 8-3　读取状态寄存器指令格式

7	6	5	4	3	2	1	0
—	—	—	—	W/R	W/R	R	R
X	X	X	X	BP1	BP0	WEL	WIP

注:W/R=可写/可读,R=只读。

WIP 位指示 25CL040A 是否处于写入操作状态。当 WIP 位为“1”时,处于写入进程中,当 WIP 位为“0”时,没有处于写入进程。WIP 位是只读的。

WEL 位指示写入使能锁的状态,并且 WEL 位是只读的。当 WEL 位为“1”时,写入使能锁允许写入数组，当 WEL 位为“0”时，写入使能锁禁止写入数组。

BP0 位和 BP1 位指示了当前哪些块处于写入保护状态。这 2 个位由用户发布 WRSR 指令设置，这 2 个位是非易失性的，详见表 8-3。

8.1.6 写入状态寄存器(WRSR)指令

写入状态寄存器(WRSR)指令允许用户在状态寄存器中对非易失位进行写入操作，详见图 8-9。对于数组的四个级别的保护可以通过写入状态寄存器中的合适位来选择。用户有能力对表 8-4 中数组段的 1、2 或所有的 4 部分进行写入保护。

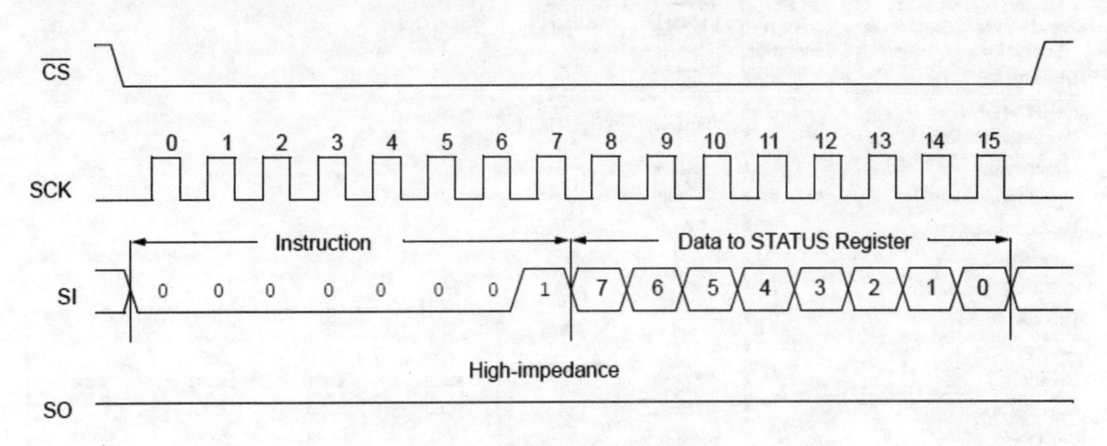

图 8-9 写入状态寄存器(WRSR)时序

表 8-4 数组地址写保护

BP1	BP0	数组地址写保护
0	0	none
0	1	upper 1/4 (180h～1FFh)
1	0	upper 1/2 (100h～1FFh)
1	1	all (000h～1FFh)

8.1.7 数据保护

以下的保护措施用于防止无意中写入数组的误操作：

① 写入使能锁在上电后被重置；

② 发布一个写入使能锁指令来设置写入使能锁；

③ 在一个位写入，分页写入或者状态寄存器写入后，写入使能锁被重置；

④ 为开启一个内部写入循环 CS 必须在经历适当次数的时钟循环后被置高；

⑤ 在内部写入循环期间访问数组的操作是被无视的，编程仍在继续。

8.2 SPI VI

使用 SPI VI 可以控制串行外设接口(SPI)通道。这些 VI 可以在函数选板的 myRIO 子选板→Low Level→SPI 选板下找到，如图 8-10 所示，其功能见表 8-5。

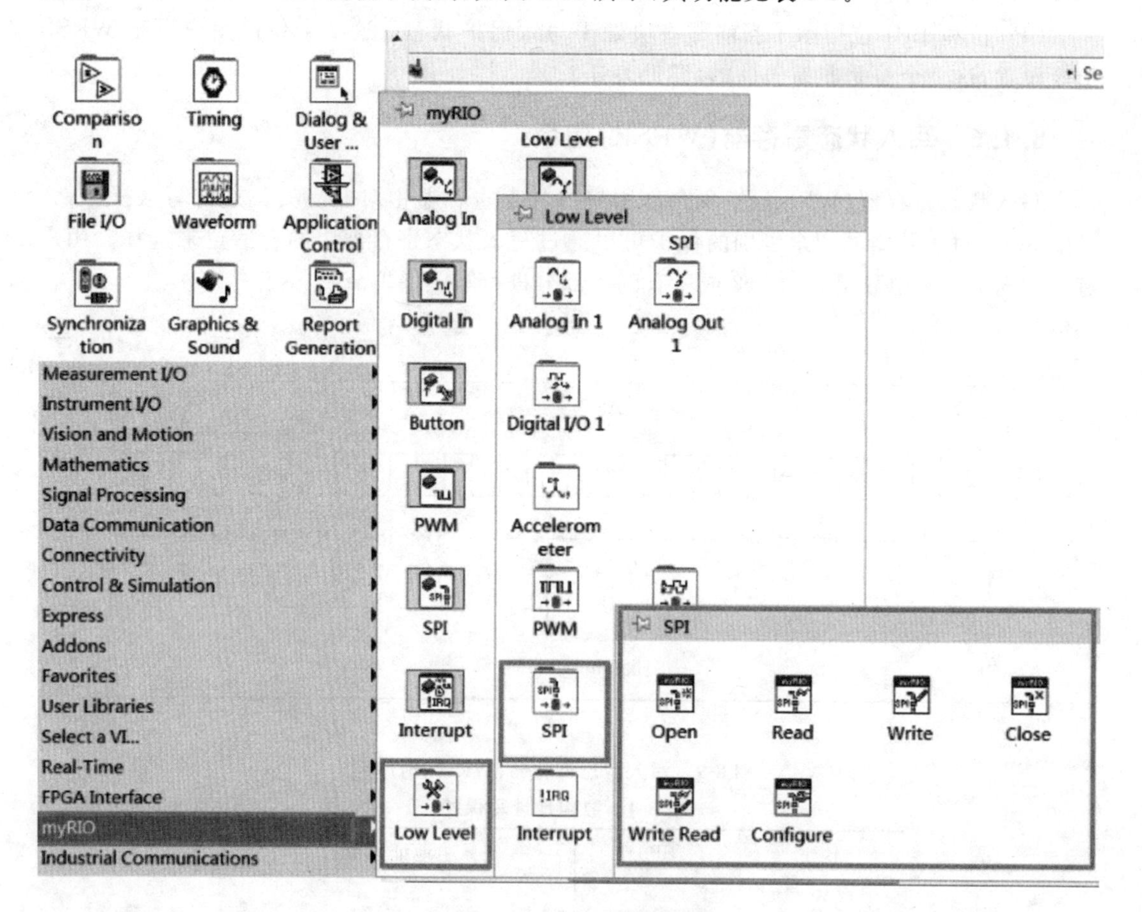

图 8-10　SPI VI 的调用路径

表 8-5　SPI VI 的功能

VI	功能
Open Allow multiple opens? Channel Name　SPI Ref Out error in (no error)　error out	打开对串行外设接口(SPI)通道的引用。在使用 SPI 通道向 SPI 从器件写入数据或从 SPI 从器件读取数据之前，必须先打开引用
Configure SPI Ref In　SPI Ref Out SPI User Configuration error in (no error)　error out	根据输入 SPI 参考和指定的用户配置，配置串行外设接口(SPI)通道
Read SPI Ref In　SPI Ref Out Frame Count　Frames Read error in (no error)　error out	从串行外设接口(SPI)通道读取指定数量的帧。读取所有帧时，此 VI 返回结果。使用配置 VI 指定帧的长度

续表

VI	功能
Write SPI Ref In　myRIO　SPI Ref Out Frames to Write　SPI error in (no error)　error out	将数据帧写入串行外设接口(SPI)通道。完成写入所有数据帧后，此 VI 返回结果
Write Read SPI Ref In　myRIO　SPI Ref Out Frames to Write　SPI　Frames Read error in (no error)　error out	通过串行外设接口(SPI)通道同时写入和读取数据帧。要写入的数据帧数等于要读取的数据帧数
Close SPI Ref In　myRIO error in (no error)　SPI　error out	关闭对串行外设接口(SPI)通道的引用。该 VI 还禁用 SPI 通道并重置通道配置

8.3　示例实验

8.3.1　实验要求

向 25LC040A 芯片写入数据，从 25LC040A 芯片读出数据。

8.3.2　实验设备

硬件：① Microchip 25LC040A 串行 EEPROM；③跳线(公-母)七根。

软件：NI LabVIEW 2016。

8.3.3　实验步骤

1. 建立接口电路

参考图 8-11 搭建电路。串行 EEPROM 需要七根跳线与 NI myRIO MXP 连接器 B 进行连接。

① VCC→B/＋3.3V(pin 33)；

② VSS→B/GND(pin 30)；

③ SI→B/SPI. MOSI(pin 25)；

④ SO→B/SPI. MISO)(pin 23)；

⑤ SCK→B/SPI. SCLK)(pin 21)；

⑥ $\overline{\text{CS}}$→B/DIO0(pin 11)；

⑦ $\overline{\text{WP}}$→B/DIO0(pin 13)。

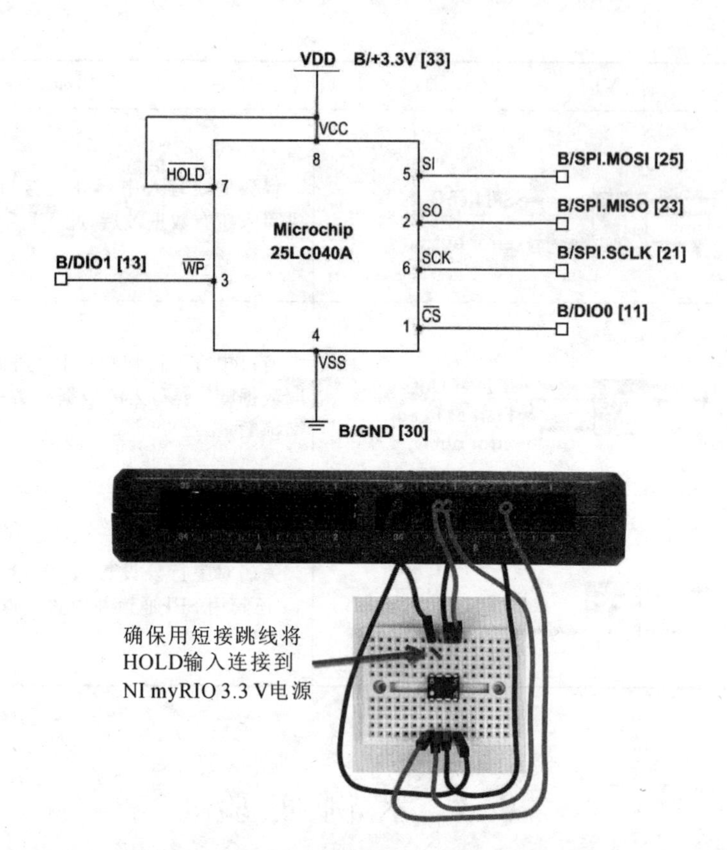

图 8-11　连接到 NI myRIO MXP 连接器 B 的串行 EEPROM 的演示设置

2. 创建 VI

按照图 8-12 所示前面板与程序框图创建 VI。

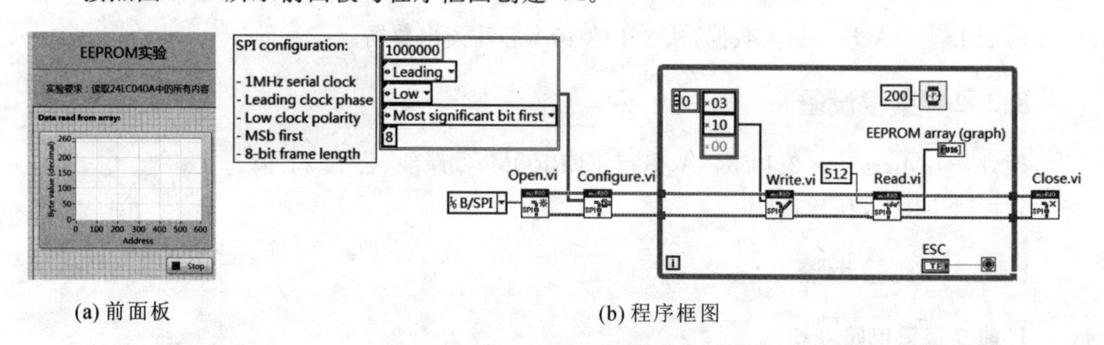

(a) 前面板　　(b) 程序框图

图 8-12　EEPROM 实验程序示例

3. 运行程序

确认 NI myRIO 连接至电脑，点击运行按钮，运行 VI(或使用快捷键 Ctrl＋R)；运行后可看到“Deployment Process”窗口，显示项目的编译下载至 myRIO，然后 VI 运行。

注：也可点选“Close on successful completion”，编译下载完成后，VI 会自动运行。

4. 检查

本实验先向 EEPROM 写入两个字节内容：0x03 和 0x13，程序运行应该看到前面板的图表中显示前两个地址内容为 3 和 11，其余是 255(十六进制 FF)，总共 512 个值。

5. 故障解决

若没有看到预期结果，请检查如下几点：

① myRIO 上电源显示 LED 是否点亮；

② 工具栏上的运行按钮显示为 ➡，即 VI 处于运行模式；

③ 正确连接 MXP 连接器端子，确保您正在使用连接器 B，且引脚连接正确。

④ 正确连接 25LC040A 引脚，仔细检查连接，确保没有反转 NI myRIO B /SPI. MOSI 和 B /SPI. MISO 线路；还要检查是否已经意外击穿电源。

练　　习

了解 EEPROM 示例程序的设计原理，然后尝试在原程序基础上添加写入操作，应能指定写入地址和写入内容。

第9章 RFID读写器

实验目标

通过本章的学习：

① 了解 RFID 标签的工作原理；

② 掌握 RDM630 模块引脚定义及 UART 输出格式；

③ 学会数据的校验和计算方法。

射频识别(radio frequency identification,RFID)是一种通信技术,可通过无线电信号识别特定目标并读写相关数据。RFID 读写器(见图 9-1)通过查询 RFID 标签,以确定标签中的唯一的编码模式。RDM630 系列非接触式射频 ID 卡专用模块采用先进的射频接收线路及嵌入式微控制器设计,结合高效译码算法,完成对 EM4100 兼容式 ID 卡的数据接收。具有接收灵敏度高、工作电流小、稳定性高等特点,适用于门禁、考勤、收费、防盗、巡更等各种射频识别应用领域。读卡距离最大 5 cm,线圈电感 47～68 μH。

图 9-1 带线圈的 RFID 读写器

9.1 RFID 读写器的工作原理与功能

RFID 的基本原理是利用射频信号和空间耦合(电感或电磁耦合)或雷达反射的传输特性,实现对被识别物体的自动识别。

9.1.1　RFID 的工作原理

RFID 读写器通过天线与 RFID 电子标签进行无线通信，可以实现对标签识别码和内存数据的读出或写入操作。典型的阅读器包含有高频模块(发送器和接收器)、控制单元以及阅读器天线。

射频识别系统的基本模型如图 9-2 所示。其中，电子标签又称为射频标签、应答器、数据载体；阅读器又称为读出装置、扫描器、通信器、读写器(取决于电子标签是否可以无线改写数据)。电子标签与阅读器之间通过耦合元件实现射频信号的空间(无接触)耦合、在耦合通道内，根据时序关系，实现能量的传递、数据的交换。

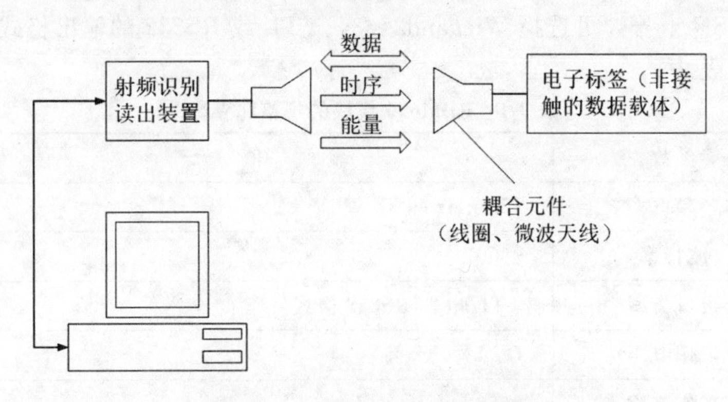

图 9-2　射频识别系统基本模型

发生在阅读器和电子标签之间的射频信号的耦合类型有两种。

(1) 电感耦合。变压器模型，通过空间高频交变磁场实现耦合，依据的是电磁感应定律。

(2) 电磁反向散射耦合：雷达原理模型，发射出去的电磁波，碰到目标后反射，同时携带回目标信息，依据的是电磁波的空间传播规律。

9.1.2　RFID 的功能

RFID 的基本功能包括：

① RFID 不同频道的读写；

② WiFi/GPRS/蓝牙无线数据传输；

③ GPS 定位；

④ 摄像头摄像；

⑤ 条形码扫描；

⑥ 指纹识别。

9.1.3　RFID 工作频率

RFID 读写器的工作频率有 125 kHz、13.56 MHz、900 MHz、2.4 GHz 等。

① 125 kHz 读写器：125 kHz 读写器一般称为 LF，用于畜牧业管理。

② 13.56 MHz 读写器：13.56 MHz 读写器一般称为 HF，用于驾校通、考勤等管理，也可以用于资产防伪管理。

③ 900 MHz 读写器：900 MHz 读写器一般称为 UHF，其通信距离远，防冲突性能好，一

般用于停车场和物流管理。

④ 2.4 GHz读写器:2.4 GHz微波段RFID读写器穿透性强,是自动智能设备的首选。

⑤ 5.8 GHz读写器:5.8 GHz微波段RFID读写器也称为RSU(road side unit),一般用于高速公路ETC电子收费系统。

9.2 RDM630模块

RDM630模块是一款125 kHz的只读EM4100/TK4100及其兼容卡片的低频模块,它可读取并输出CSN卡号。可选择Wiegand26/34、TTL或RS232的输出格式。RDM630模块的规格参数见表9-1。

表9-1 RDM630模块的规格和参数

参数	值
频率	125 kHz
波特率	9600
接口类型	TTL电平RS232格式
工作电压	DC 5V(±5%)
工作电流	<50 mA
接收范围	>50 mm(视卡、天线形状和周围环境而定)
扩展I/O口	N/A
指示灯	N/A
工作温度	−10~+70℃
存储温度	−20~+80℃
最大相对湿度	相对湿度0 ~ 95%
尺寸	38.5 mm×19 mm×9 mm

9.2.1 RDM630外形及引脚定义

本实验中用到的RDM630模块外形及引脚见图9-3。

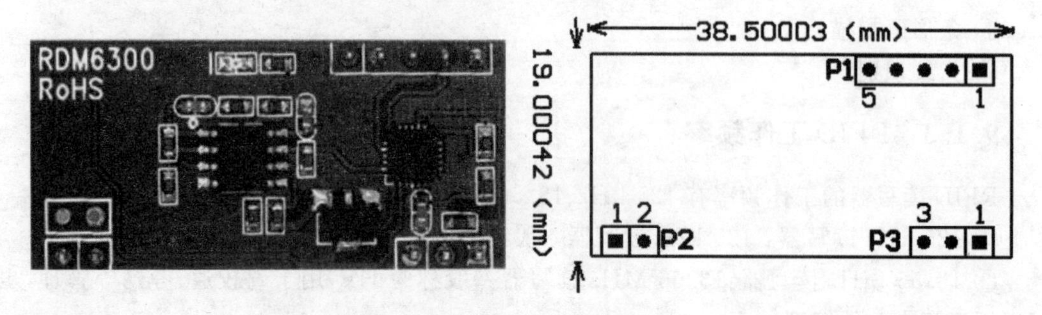

图9-3 RDM630外形及引脚

其引脚定义见表 9-2。

表 9-2 RDM630 模块的引脚定义

P1		P2		P3	
PIN1	TX	PIN1	ANT1	PIN1	LED
PIN2	RX	PIN2	ANT2	PIN2	+5 V(DC)
PIN3				PIN3	GND
PIN4	GND	PIN1			
PIN5	+5 V(DC)				

9.2.2 RDM630 数据传输时序图

作为串口通信模块，RDM630 模块在 LED 引脚为低电平期间从 TX 端口输出一串数据，传输时序图如图 9-4 所示。

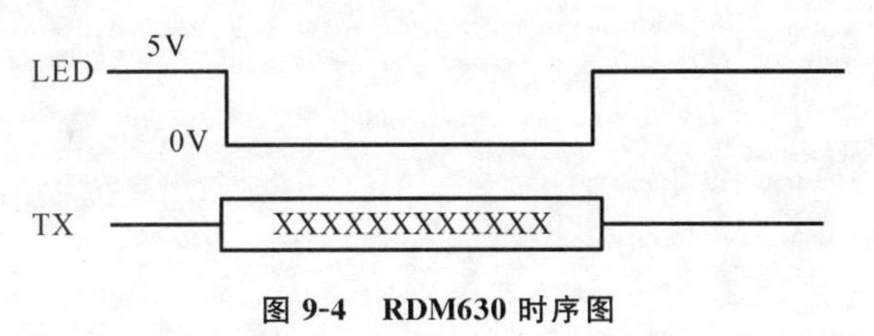

图 9-4 RDM630 时序图

9.2.3 RDM630 数据传输格式

RDM630 模块输出数据格式为 16 进制的“起始帧＋ID 码＋校验码＋停止帧”，本实验中起始帧为 02，停止帧为 03，ID 码为 10 个 ASCII 字符，校验码为 10 个 ASCII 字符（或对应的 5 个 16 进制数）异或运算的结果，如表 9-3 所示。

表 9-3 RDM630 模块输出数据格式

起始帧	ID 码	校验码	停止帧
02	10ASCII Data Characters （10 个 ASCII 字符数据）	CHECKSUM （校验和）	03

如：卡号为 62E3086CED 的 ID 卡，其输出的 10 个 ASCII 字符数据为

36H、32H、45H、33H、30H、38H、36H、43H、45H、44H

校验和为

(62H) XOR (E3H) XOR (08H) XOR (6CH) XOR (EDH)＝08H

则输出的完整数据为

02H 36H 32H 45H 33H 30H 38H 36H 43H 45H 44H 08H 03H

9.3 串行 VI 和函数

RDM630 模块采用串口进行通信。使用串行 VI 和函数选板可访问 VISA VI，实现与连接到串行端口的设备通信的功能。VISA 选板还提供其他功能。

串行 VI 和函数选板在函数选板的 Measurement I/O 子选板下，如图 9-5 所示，常用串行 VI 及其功能见表 9-4。

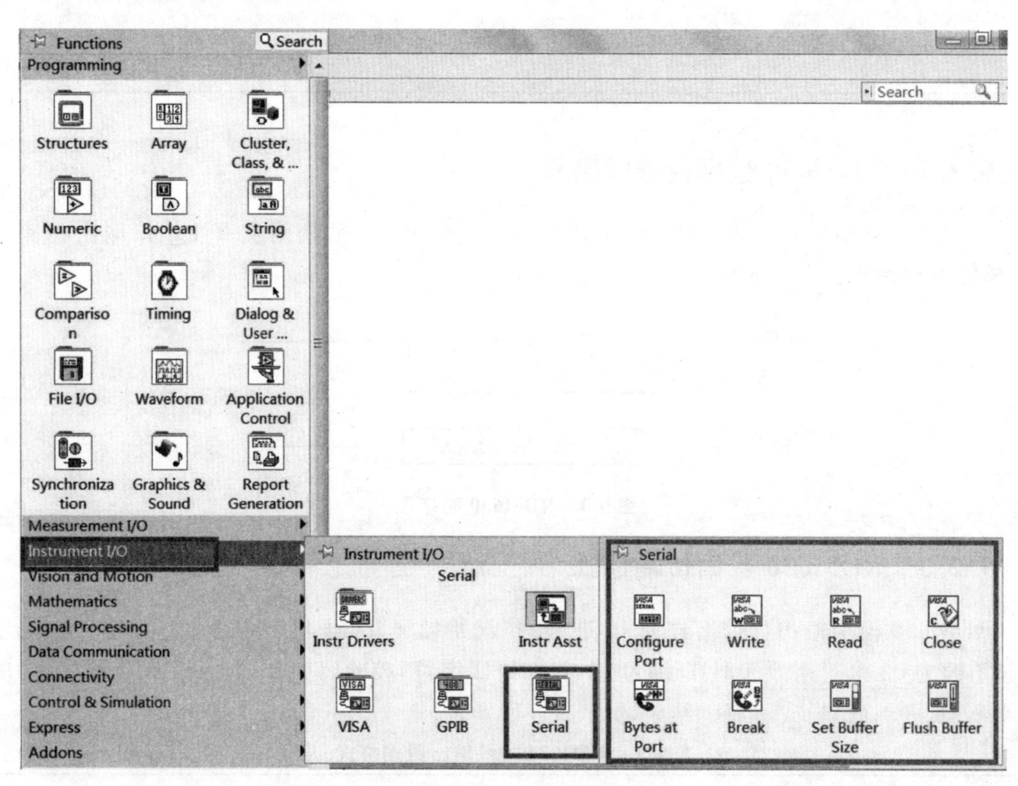

图 9-5　串行 VI 和函数选板

表 9-4　常用串行 VI 及其功能

<table>
<tr><th>VI</th><th>功能</th></tr>
<tr><td>VISA Configure Serial Port

</td><td>将 VISA 资源名称指定的串行端口初始化为指定的设置</td></tr>
</table>

续表

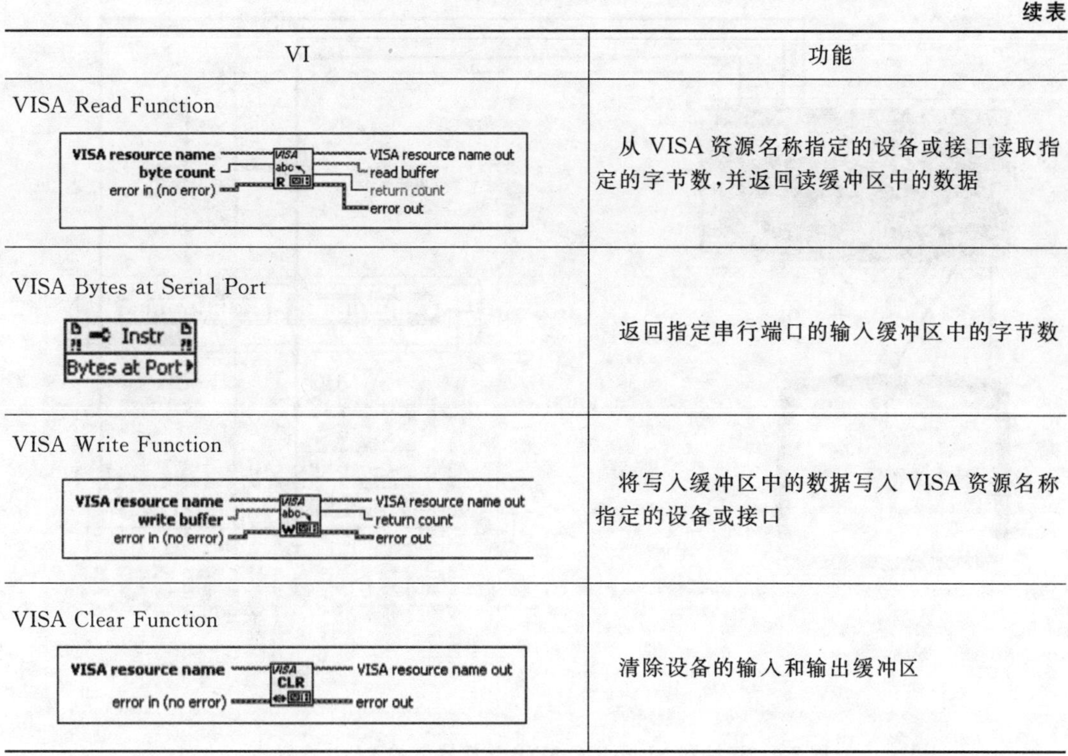

VI	功能
VISA Read Function VISA resource name / byte count / error in (no error) → VISA resource name out / read buffer / return count / error out	从 VISA 资源名称指定的设备或接口读取指定的字节数，并返回读缓冲区中的数据
VISA Bytes at Serial Port Instr / Bytes at Port	返回指定串行端口的输入缓冲区中的字节数
VISA Write Function VISA resource name / write buffer / error in (no error) → VISA resource name out / return count / error out	将写入缓冲区中的数据写入 VISA 资源名称指定的设备或接口
VISA Clear Function VISA resource name / error in (no error) → VISA resource name out / error out	清除设备的输入和输出缓冲区

9.4 示例实例

9.4.1 实验要求

读取 FRID 卡的卡号。

9.4.2 实验设备

硬件：①RMD6300 RFID 读写器；②RFID 天线线圈；③分离头，直针；④RFID 标签，125 kHz；⑤跳线(公-母)4 根。

软件：NI LabVIEW 2016。

9.4.3 实验步骤

1. 建立接口电路

参考图 9-6 搭建电路，这里使用的是 UART 输入输出接口。

RFID 读写器需要四个接线端连接到 NI myRIO MXP 连接器 B 的端口：

① +5 V supply (VCC)→B/+5V (pin 1)；

② Ground (GND)→B/GND (pin 20)；

③ TX →B/UART. RX (pin 10)；

④ RX →B/UART. TX(pin 14)。

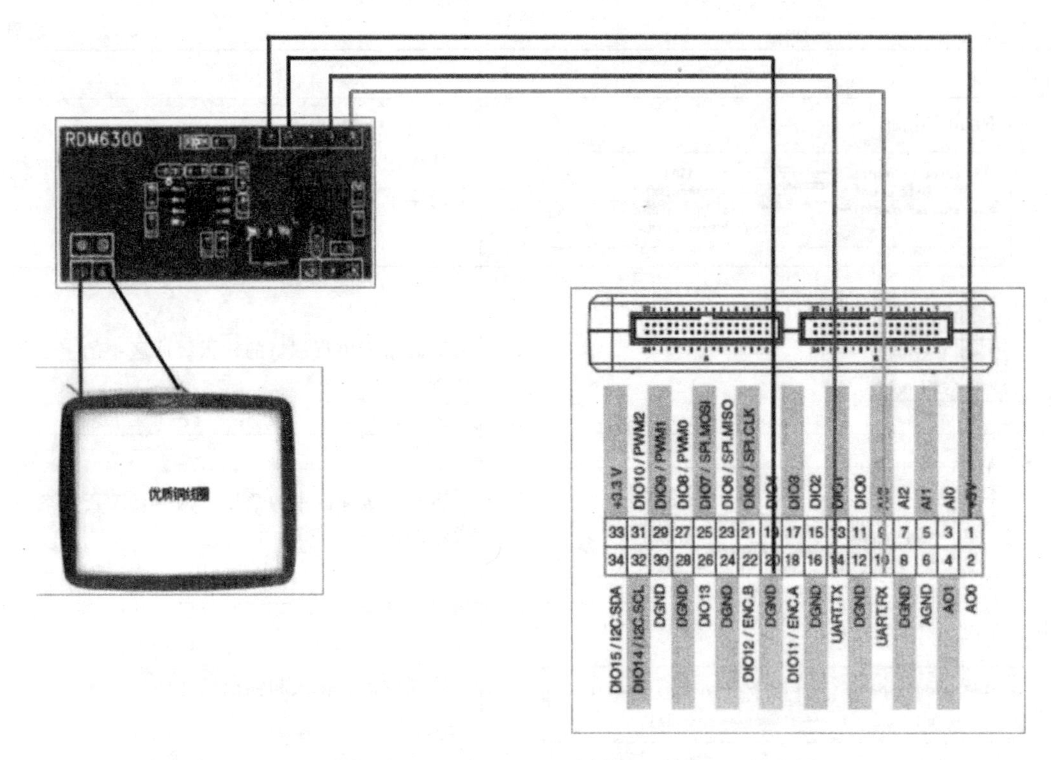

图 9-6　连接到 NI myRIO MXP 连接器 B 的 RFID 读取器

请注意，天线需要插入 RFID 模块 P2 的两端。

2. 创建 VI

按照图 9-7 所示的前面板和程序框图创建 VI。

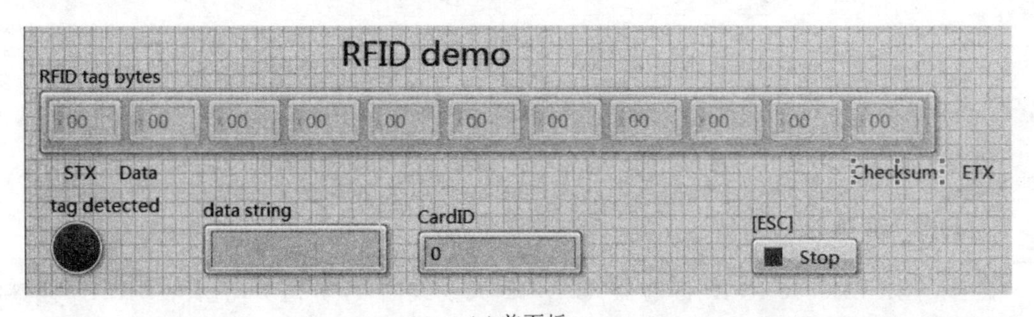

(a) 前面板

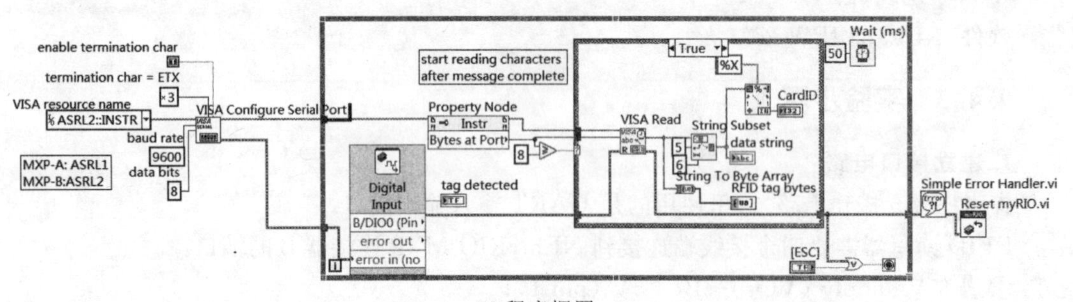

(b) 程序框图

图 9-7　FRID 读取程序示例

3. 运行程序

确认 NI myRIO 连接至电脑，点击运行按钮，运行 VI(或使用快捷键 Ctrl+R)；运行后可看到"Deployment Process"窗口，显示项目的编译下载至 myRIO，然后 VI 运行。

注：也可勾选"Close on successful completion"，编译下载完成后，VI 会自动运行。

4. 检查

示例程序包括三个主要控件：①tag detected 控件在有效的 RFID 标签任何时候进入 RFID 读取器范围内点亮；② RFID tag bytes 控件显示 RFID 读取器发送响应有效 RFID 标签的十个字节和校验和；③data string 控件提取消息数据部分并将其显示为十六进制数值。

将一张 RFID 电子标签(见图 9-8)靠近 RFID 读取器，当卡充分靠近时，tag detected 指示灯亮起，data string 控件应该显示一个十位十六进制数字(包含数字 0 到 9 和 A 到 F)，RFID 标记字节指示符应该是以 0x02(ASCII 码的文本开始字符)开头并以 0x03 结束的序列(ASCII 码的文本结束字符)。

尝试其他 RFID 标签卡，确认可看到不同的数据字符串值。此外，测试 RFID 读取器扫描标签所需的最小距离，测试挥动卡和快速移动卡时显示的区别。

图 9-8　电子标签

5. 故障解决

若没有看到预期结果，请参考如下几点进行检查：

① myRIO 上电源显示 LED 是否点亮；

② 工具栏上的运行按钮显示为 ，即 VI 处于运行模式；

③ MXP 接口终端是否正确：确认正在使用接口 B 以及引脚连接正确；

④ 正确的 RFID 读取器终端——仔细检查，并确保已将 NI myRIO 的 UART"接收"输入端连接到 RFID 读取器"DO"输出端；也需要确认电源是否短接。

练　习

(1) 计算数据段的和校验，并与 RFID 标签消息的和校验字段进行比较。

(2) 使用布尔显示控件来显示从 RFID 读取器接收到的消息是否是有效的。

第10章　myRIO系统综合设计

10.1　LabVIEW设计模式

程序设计模式是对一系列用于程序设计的结构的归纳和总结。在建造房子时，需要针对房子的用途设计整个房屋的结构，确保房子的坚固性和可建造性。写程序时也需要有一定的模式，不同的应用需要使用不同的设计模式，不同的设计模式决定了软件的总体结构。例如在LabVIEW中构建一个用户界面型程序时，往往会先在后面板中加入一个While循环框架以使程序持续运行。如果需要响应用户界面事件则还需要加入事件结构。那么我们是否曾经考虑过以下的这些问题：

(1) 应用中是否存在并行响应的情况？在持续的数据采集过程中，是否需要同时响应单击菜单的事件？

(2) 底层获取的数据如何与上层的数据显示部分进行数据交互？

(3) 上层的界面如何响应底层程序的控制？

(4) 同一个循环中采用哪种方式进行数据交换？是局部变量、全局变量、共享变量还是移位寄存器？

(5) 编程过程中在不改变框架的情况下，是否可根据用户需求对程序功能进行扩展？

(6) 如果程序运行过程中，发生系统错误或者硬件通信错误，是否会立即停止运行？待错误排除后是否可继续运行？

(7) 如何组织程序中的核心数据结构？是否需要采用面向对象程序设计？

(8) 如何记录测试数据并生成报表？如何保存用户配置参数？

(9) 如何处理程序运行中的断电情况？如何保证重新启动时的继续运行和数据的最低丢失？

(10) 如何实现运行过程的采样触发和多点采样的同步？

如果只是使用LabVIEW临时调试或开发某个小的应用，无需考虑上述的问题。但是，如果使用LabVIEW开发一个典型应用的程序却无法回避这些问题。因此，有必要对各种程序开发的应用进行归纳和总结，提取对应的LabVIEW程序结构中的共性。此外，针对这些共性研究哪种结构更加适合应用。这些结论综合起来就形成了程序设计的模式。

设计模式具有一定的抽象性，往往难以理解。即使经常使用LabVIEW编程的工程师也很难说清楚自己的程序到底属于哪种设计模式，因为一个程序的设计模式可能是多种简单的设计模式综合而成的复合设计模式，单一的设计模式是无法满足所有的技术要求的。一般，对于初学者而言，理解和掌握程序设计模式往往能起到事半功倍的效果；而对高级用户而言，归纳各种程序设计模式能够不断完善程序中遇到的问题，并衍生一套符合特定应用的特有的程序设计模式。

10.1.1　基本状态机模式

状态机不是 LabVIEW 特有的概念，早在 LabVIEW 诞生之前就有了。之所以在 LabVIEW 编程中经常强调状态机，是因为 LabVIEW 特有的图形编程方式特别适于采用状态机模式。例如，PLC 中的流程图编程方式，就是一种特殊的状态机。

状态机(state machine)是一种最为经典的程序设计模式，是对系统的一种描述，该类系统包含了有限的状态，并且在各个状态之间可以通过一定的条件进行转换。一般可以用流程图/状态图来对状态机进行精确的描述。最基本的状态机结构如图 10-1 所示，由 While 循环、移位寄存器和条件结构组成，而状态机的状态可以由自定义枚举数据类型实现。

状态机中各种状态都是通过枚举常量进行切换的，条件分支中每个分支代表一种状态。预先定义的状态在程序设计过程中，可能会不断发生变化。尤其是在多个子 VI 中使用同一枚举类型时，如果没有使用自定义类型，状态的增减、改变会影响到所有的常量、分支和子 VI。使用自定义枚举就可以避免这个问题，只要修改自定义控件，所有常量、分支和子 VI 都会自动更新。

下面以图 10-1 中的应用为例说明基本状态机的使用。

前面板上布置了 3 个按钮点和 1 个波形图表显示控件。通过“开始采集”按钮，完成启动数据采集的功能，点击后开始进行模拟数据采集程序(这里使用随机数代替)；通过点击“关于”按钮，在弹出的对话框中获取程序的版权、帮助等信息；通过点击“停止”按钮，完成停止程序的功能；波形图表显示采集到的随机数据波形。

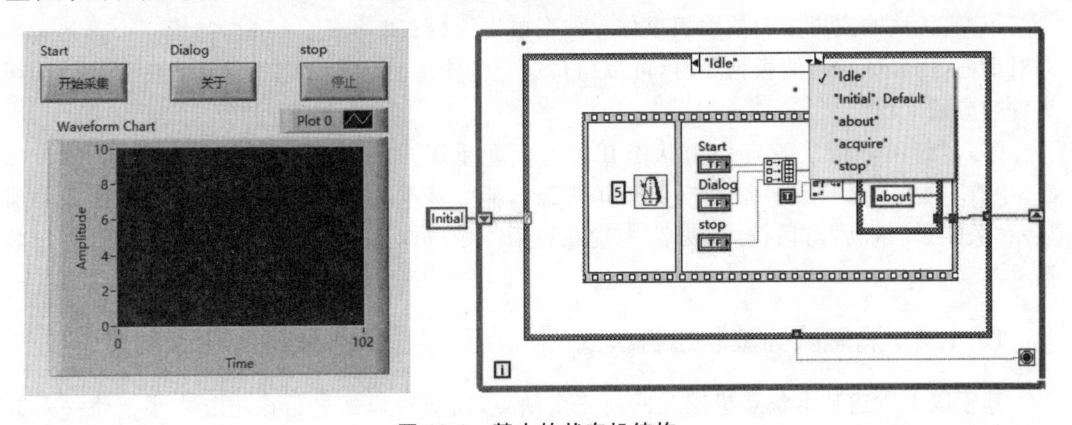

图 10-1　基本的状态机结构

基本状态机是一个非常简单的应用，但是具有一定的代表性。根据要求，可将其应用分为至少 5 种状态结构。① Initial：初始化状态；② Idle：空闲状态，用于响应各种用户界面操作；③ acquire：采集状态，用于持续模拟采集数据；④ about：用于弹出“关于”和“帮助”对话框；⑤ stop：停止状态，退出循环并中止程序。

仔细分析图 10-1 所示的基本状态机结构，可以看出状态始终贯穿整个应用程序，并由移位寄存器进行值的寄存和传递。当前状态分支的结果将决定下一个状态，例如 Idle 状态。

在这个状态中，程序将自动检测前面板的三个按钮是否被按下。如果“开始采集”被按下，则进入acquire状态；如果“关于”被按下，则进入 about 状态；如果“停止”被按下，则进入 stop 状态；如果没有任何按钮被按下，则仍然进入当前的 Idle 状态继续等待。

在 acquire 状态中，为了保证程序的重复采集，需要 acquire 状态后的下一个状态仍然为 acquire，但是这样会导致程序无法停止(中断采集)。如果在 acquire 状态分支中加入 stop 的检测，当 stop 被按下时，不进入 acquire 状态而直接进入 stop 状态，这样就解决了上述问题。

从图 10-1 可以看出，基本状态机模式大体上能够满足主程序结构的需要。该模式能够很好地使得应用程序的各个功能以状态的方式有顺序地执行，并且保证了程序的可读性和扩展性。

基本状态机模式有什么样的缺点呢？

第一，状态分类不清晰。如果有几十个状态，那么 case 结构的选择端会显得没有条理。事实上，一般会对状态进行分类，如数据采集、数据分析状态可以归类于对数据的操作。对状态进行分类并没有统一的标准，其目的在于使程序能够清晰明了。

第二，缺乏数据共享和错误处理机制。例如在数据采集之后还需要增加一个数据分析的状态，那么如何将采集到的数据提供给数据分析模块呢(使用局域变量、全局变量、共享变量或其他)？

第三，每一个状态分支只能够决定后面的一个状态，而无法决定一个状态序列(多个状态)。假如状态机有三个状态 A、B、C，前面板上有三个按钮依次为 B1、B2 和 B3。如果单击 B1 时需要使得三个状态按照 A→B→C 的顺序执行，单击 B2 时需要使得三个状态按照 B→A→C 的顺序执行，单击 B3 时需要使得三个状态按照 C→A→B 的顺序执行。这种情况是无法使用基本状态机模式解决的。

第四，程序一直在占用 CPU 资源。即使在 Idle 状态下，仍然需要对前面板的控件值进行实时监控，以确定对哪一个状态进行响应。

第五，无法响应更多的前面板事件。如当单击窗口右上角的“×”时，弹出一个确认退出的对话框，用鼠标在前面板拖曳时，可以捕获这个事件。而基本状态机模式无法解决前面板事件响应的问题。

第六，任何时刻只能有一个状态在运行。如果用户需要在数据采集过程(acquire 状态)中查看“关于 & 帮助”对话框(about 状态)，那么基本状态机模式只能暂停数据采集而显示“关于 & 帮助”对话框，却无法实现在查看“关于 & 帮助”对话框的同时仍然进行数据采集。

10.1.2　消息队列型状态机模式

基于以上所述基本状态机模式的前三个缺点，需要对模式进行改进。本小节将一一分析这些问题对应的解决方案，并最终形成一种新的状态机模式——消息队列型状态机模式。

1. 状态的分类不清晰

这是一个涉及各个状态分类管理的问题，是一个组织问题。例如，在一个书桌上有许多不同专业类别(通信、计算机、机械、法律等)的书，这些书都整齐摆放在书桌上。但要找到某本书却并不会很迅速，因为书是无序摆放的，不得不从第一本开始浏览直至找到想要的书。通过设置一些书立，将不同专业类别的书分开，并标明专业类别，这样便可以提高查找的效率了。

回到程序，给程序的状态设置一些“书立”。如图 10-2 所示，系统共有 9 个有效状态(UI Initial、Data Initial、Instr Initial、Temperature、Power、FFT、JTFA、Data Clean、Exit)。如果把这些状态混在一起，要找到某一个状态时会比较麻烦和耗时。而将状态分为 4 类并设置 4 个“书立”(Initial、Acquire、Analyse、System)即可分隔这些状态。在实际的状态控制中，需要确保程序只会进入实际的状态中运行而不会进入“书立”分支中，因此对每个“书立”加入了“……”以示区别。

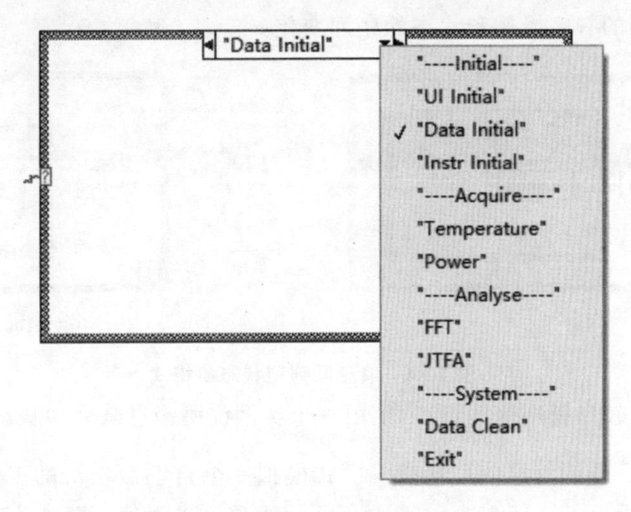

图 10-2　状态分类

2. 缺乏数据共享和错误处理机制

在层叠式的顺序结构中，数据在帧之间的传递是靠“顺序局部变量”实现的。那么在 case 结构中如何传递不同分支的数据呢？这个问题使用局部变量、全局变量或共享变量似乎很容易解决，但是这并不是最优的解决方案。因为上述方式会明显占用系统运行的内存空间和时间。由于状态机的基本组成元素除了 case 结构之外还有循环，因此可以使用移位寄存器来传递数据，如图 10-3 所示，将所有的数据封装在一个簇中并对每个数据命名，这样在使用数据时就可以使用“Unbundle by name”或“Bundle by name”来调用。即使只有一个数据需要共享，仍然希望采用簇的封装形式，这样当后续需要增加扩展数据的时候并不会影响现有的数据引用。

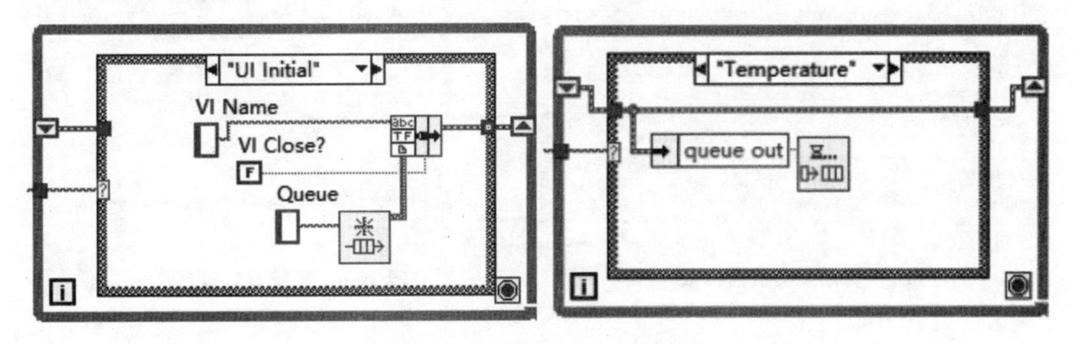

图 10-3　状态机中的数据传递

3. 每一个状态分支只能够决定后面的一个状态，而无法决定一个状态序列

在基本状态机中之所以存在这个问题是因为状态的传递使用的是标量形式，如果需要传递一个状态序列，很明显可以使用队列或数组进行。在 LabVIEW 程序设计模式中将这种具备处理状态序列的状态机称为“消息队列型状态机”。

顾名思义，这种模式就像银行办理业务时排队一样采用队列的方式，当储户进入银行时，首先到叫号机处领取号码排队（进入队列）并等待。然后，当前面的储户办理完业务后就可以到相应的窗口办理业务（退出队列）。事实上，这种方式在现代生活中随处可见。

在 LabVIEW 中至少有两种实现消息队列的方法。图 10-4(a)所示为使用数组函数实现队列元素的入列和出列；图 10-4(b)所示为使用队列函数实现队列元素的入列和出列。二者都能够实现队列的有序操作和状态的序列变化。

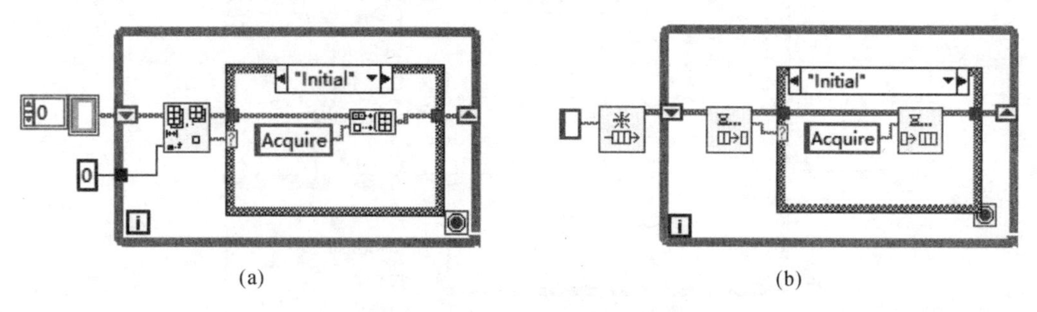

图 10-4　消息队列型状态机模式

为了更好地比较和利用这些特点，使用一个实例说明消息队列型状态机的使用过程。

例 10.1　使用消息队列状态机模式模拟一个自动贩卖机的工作过程。它的一次正常交易过程为：投币→选择需要购买的商品→找零。当币值不足或商品已经销售完毕时则无法购买，并实时显示对应商品的价格、剩余数量以及待找零金额，界面如图 10-5 所示。

解　根据系统要求，可将系统分为 5 个状态，并分为 2 大类，如图 10-6 所示。

图 10-5　自动贩卖机前面板

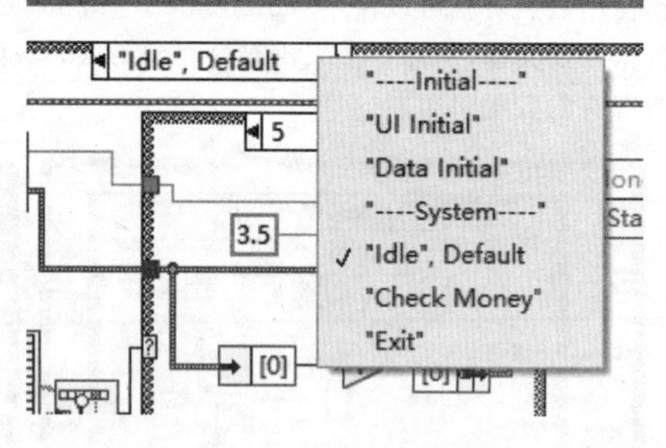

图 10-6　系统状态设置

第一类：Initial。

(1) UI Initial：前面板界面的初始化。

(2) Data Initial：数据的初始化。

第二类：System。

(1) Idle(Default)：空闲状态。

(2) Check Money：核查贩卖机中的剩余钱数和剩余的货物数以决定交易是否成功。

(3) Exit：退出程序。

程序开始运行时进入 UI Initial 和 Data Initial 状态，完成初始化操作。使用数组函数处理消息队列。在 UI Initial 中，系统给标题栏和说明栏赋值，并将前面板的商品设置为不可购买状态。在 Data Initial 中包含两个共享的数据：Money 和 GState，前者表示贩卖机中剩余的币值，初始化值为 0，而后者表示贩卖机中各个商品剩余的数量，初始化值为 20。数据使用移位寄存器传递以便于在各个 case 分支中共享和使用。

Idle 分支用来监控前面板各个按钮控件的变化并执行相应的状态，如图 10-7 所示。该分支比较复杂，当检测到第 1 个按钮被按下时（即“5 角”按钮），贩卖机中的货币值应该加0.5元，符合交易条件即进入 Check Money 状态。

Check Money 分支主要是为了防止不合法的交易（如投入的币值不足或商品数量不足的情况）。

当程序运行到 Exit 分支时，将停止循环并退出程序。

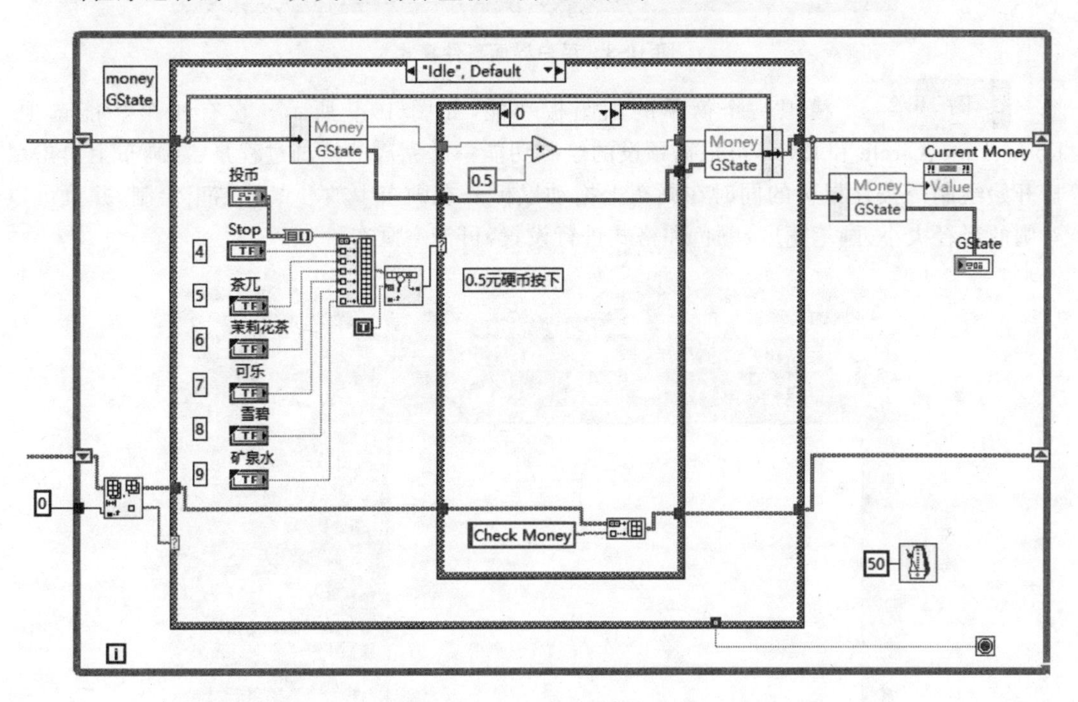

图 10-7　Idle 分支部分程序

10.1.3　用户界面事件模式

针对基本状态机模式的第四、五个缺点，对模式进行改进。本节将分析这些问题对应的解决方案，并最终形成一种新的状态机模式——用户界面事件模式。

程序一直在占用 CPU 资源，无法响应更多的前面板事件，以上两个问题，在 LabVIEW 7.0 以上的版本中提供的事件结构（event structure）可以非常便捷地解决。

在 LabVIEW 中事件结构的使用并不是一件难事，根据事件的发出源，事件可以抽象地分为用户界面事件和用户自定义事件。

图 10-8 所示的结构称为用户界面事件模式，它能够很便捷地响应各种事件并且不占用 CPU 的资源，这是由 LabVIEW 中事件结构本身的特性决定的。

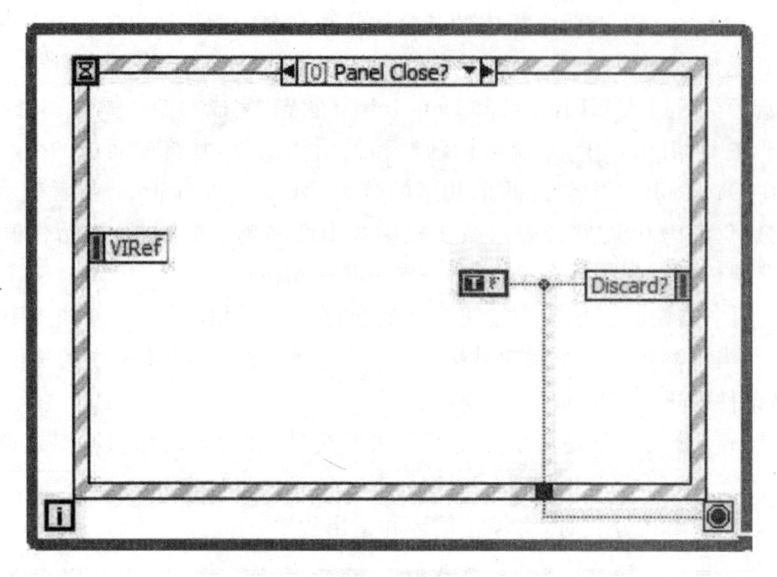

图 10-8　用户界面事件模式

例 10.2　模拟一个简单的画图板功能，如图 10-9 所示。它有 4 个功能选项：Point、Line、Circle 和 Oval，可根据预设的绘制功能一次完成的绘画过程是：在画布上单击鼠标开始绘制→按住鼠标的同时在画布上拖动鼠标→在画布上放开鼠标结束绘制，并且可以对圆的半径大小、画笔宽度、颜色和格式进行设置，可清空画布。

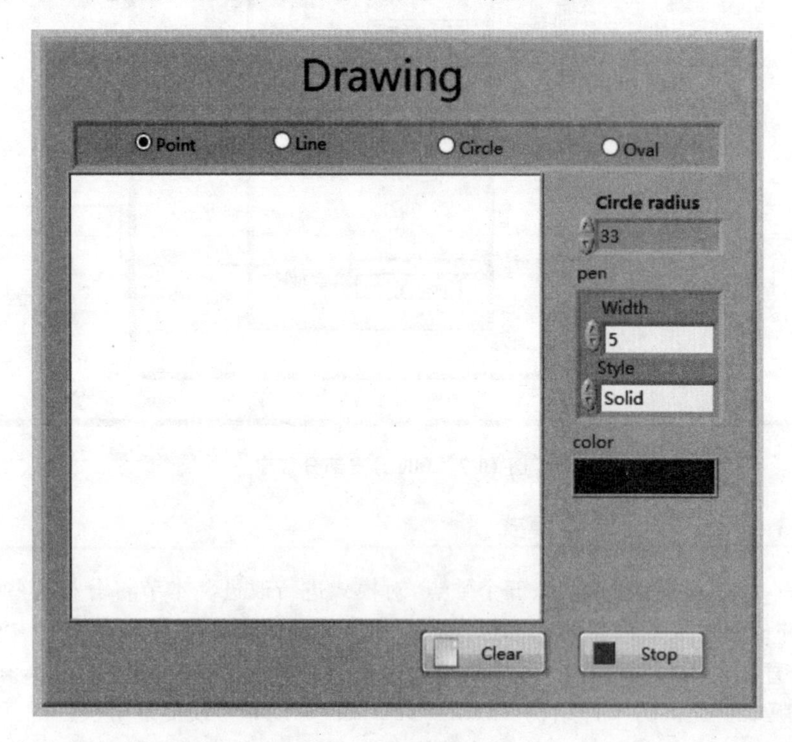

图 10-9　画图板前面板

由于系统需要响应鼠标在画布上单击、移动和释放事件，因此使用状态机模式是无法满足需要的，只能通过事件结构来解决，程序包含 5 个事件，其后面板如图 10-10 所示。

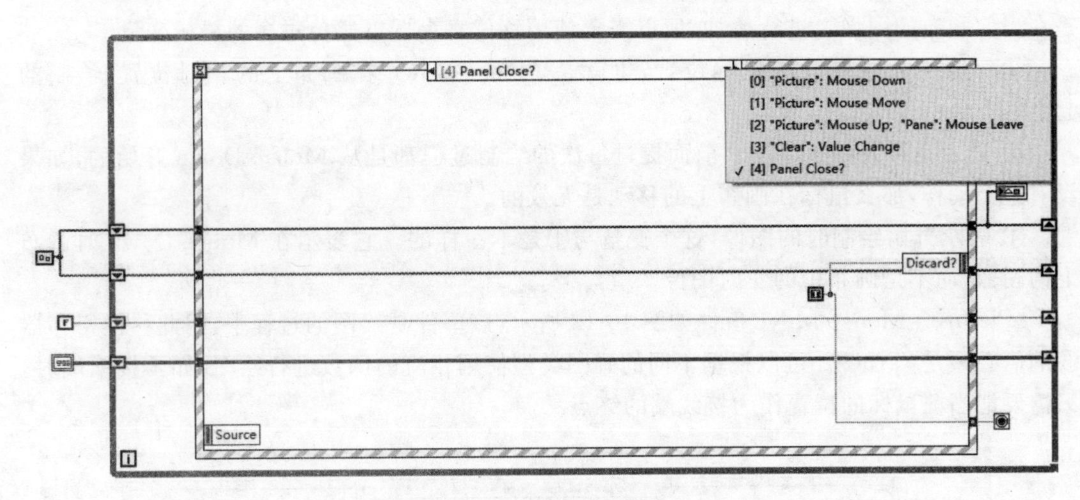

图 10-10　画图板后面板

① Panel Close?　响应前面板的"×"动作，这是一个过滤性事件，当事件发生时并不真正关闭前面板而只是停止程序的运行。

② "Picture":Mouse Down　表示绘画的开始。

③ "Picture":Mouse Move　表示绘画的路径和轨迹。

④ "Picture":Mouse Up　表示绘画的结束，此时一定要加入事件，因为当鼠标移动到画布的外面时就可以认为是绘画结束了，并不需要一定要求鼠标在画布中释放。

⑤ "Clear":Value Change：清空画布内容。

"Picture":Mouse Down 事件如图 10-11 所示，这个步骤表示绘制的开始，每次的绘制都必须从这个步骤开始。事件分支左侧的 Button 参数表示单击鼠标的键位，只有在单击鼠标左键时才被认为是合理的和有效的，当单击其他的键位时并不开始绘制。在有效绘制中，需要将画笔移动到鼠标当前单击的位置。当选择的画图模式是 Line 和 Point 时，使用 Draw point. vi 函数可以在当前的位置上画一个点并且将画笔移动到当前位置。

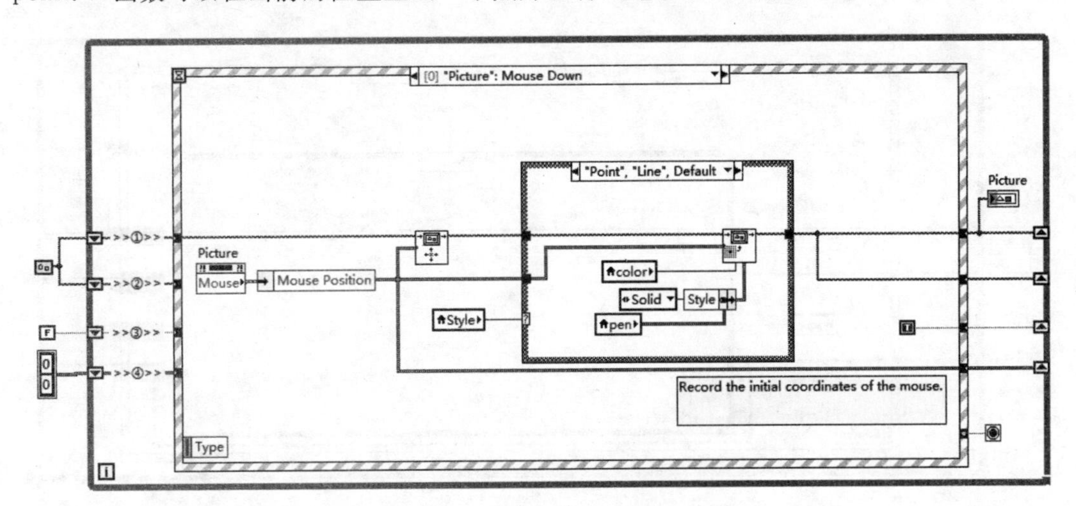

图 10-11　"Picture":Mouse Down 事件

从图中可以看出系统定义了 4 个移位寄存器以实现不同事件分支的共享，含义如下：

① 表示当前画布中的图像，事实上就是前面板 Picture 中的内容。因为每次画图时都

是在当前画布的图像上进行叠加，所以需要使用移位寄存器以避免过多的局域变量。

② 表示开始绘制时的鼠标位置，也就是 Mouse Down 在画布上的相对位置，绘制的起点。

③ 表示是否开始了绘制。前面提过每次的绘制过程都是从 Mouse Down 开始的，如果没有这个动作，那么鼠标在画布上的移动是无效的。

④ 表示开始绘制时的图像，这个变量与①是不一样的。它表示在 Mouse Down 时画布上的图像，而不是画布中的实时图像。

"Picture"：Mouse Move 事件如图 10-12 所示，该事件是绘图的过程中，因此移位寄存器③的值必须是"True"。可以根据不同的画图类型使用相应的函数进行绘图，如画接线端时，只需要把当前鼠标的位置作为接线端的终点。

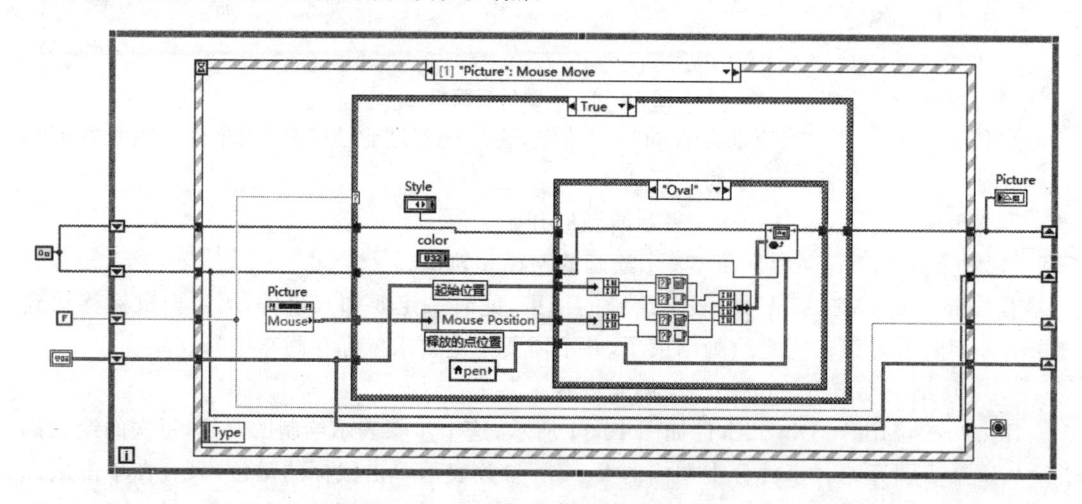

图 10-12 "Picture"：Mouse Move 事件

"Picture"：Mouse Up 事件如图 10-13 所示，该事件表示绘制的结束，因此只需要把移位寄存器③的值设置为"False"即可。

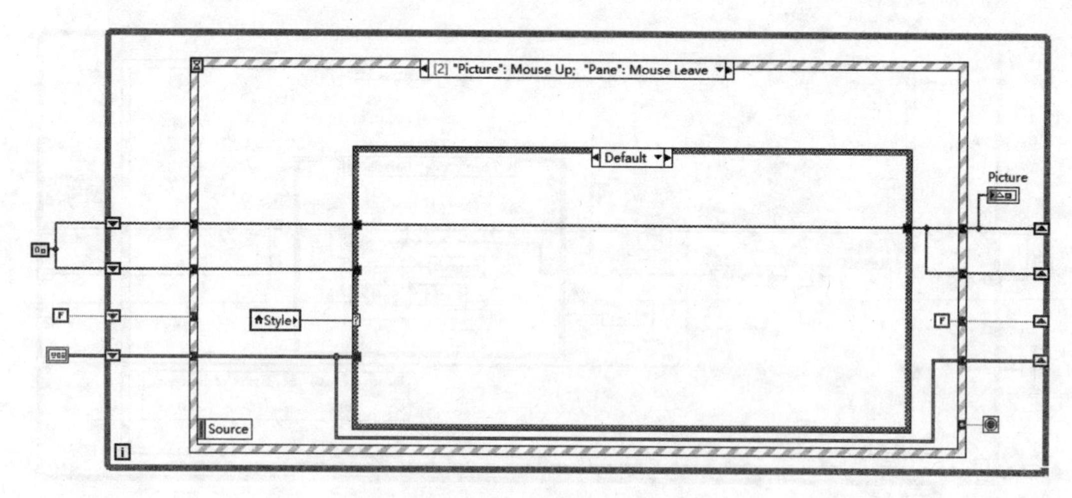

图 10-13 "Picture"：Mouse Up 事件

10.1.4　生产者/消费者模式

基本状态机模式的第六个缺点(任何时刻只能有一个状态在运行尚)未被解决。

这个问题也许是多余的,但是在实际的应用中往往又是最常见的。大多数比较复杂的应用至少应该有"菜单"和"采集"两种状态,如果数据采集程序在运行时仍然希望系统能够处理菜单的事件,这在传统的状态机或者事件结构中是无法实现的。因为无论是状态机结构还是事件结构,都是由一个循环组成的,不同的状态是无法同时被响应和处理的。

生产者/消费者模式可解决这个问题,它是多线程编程中最基本的设计模式。从软件的角度看,生产者是数据的提供方,消费者是数据的消费方,二者之间存在一个数据缓存区,大小一般是固定的,可通过例 10.3 说明。

例 10.3　生产者/消费者循环的一些基本特性和队列操作的特点。如图 10-14、图 10-15 所示,生产者与消费者之间传递的数据是一个连续的正弦波形,二者靠大小为 20 个点的缓冲区连接。通过选择操作方式控制生产者和消费者的数据传递速率,包含五种状态:不生产,只消费;生产快于消费;生产速率等于消费速率;生产慢于消费;只生产,不消费。以此观察缓冲区状态。右下角是"STOP"按钮按下后程序停止执行。

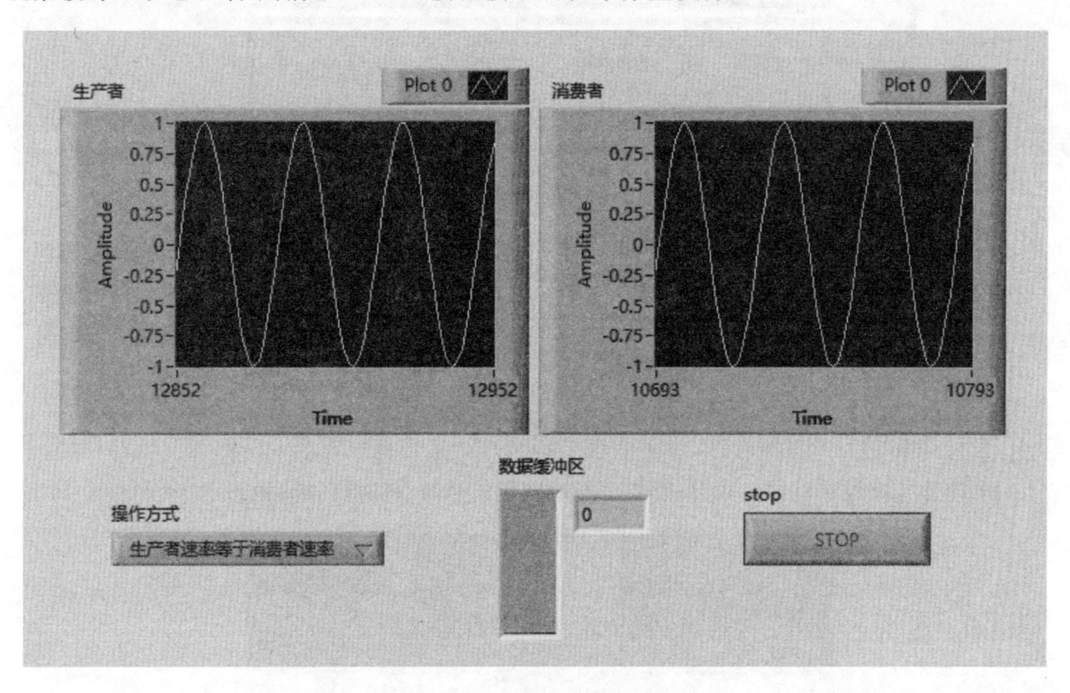

图 10-14　生产者/消费者前面板

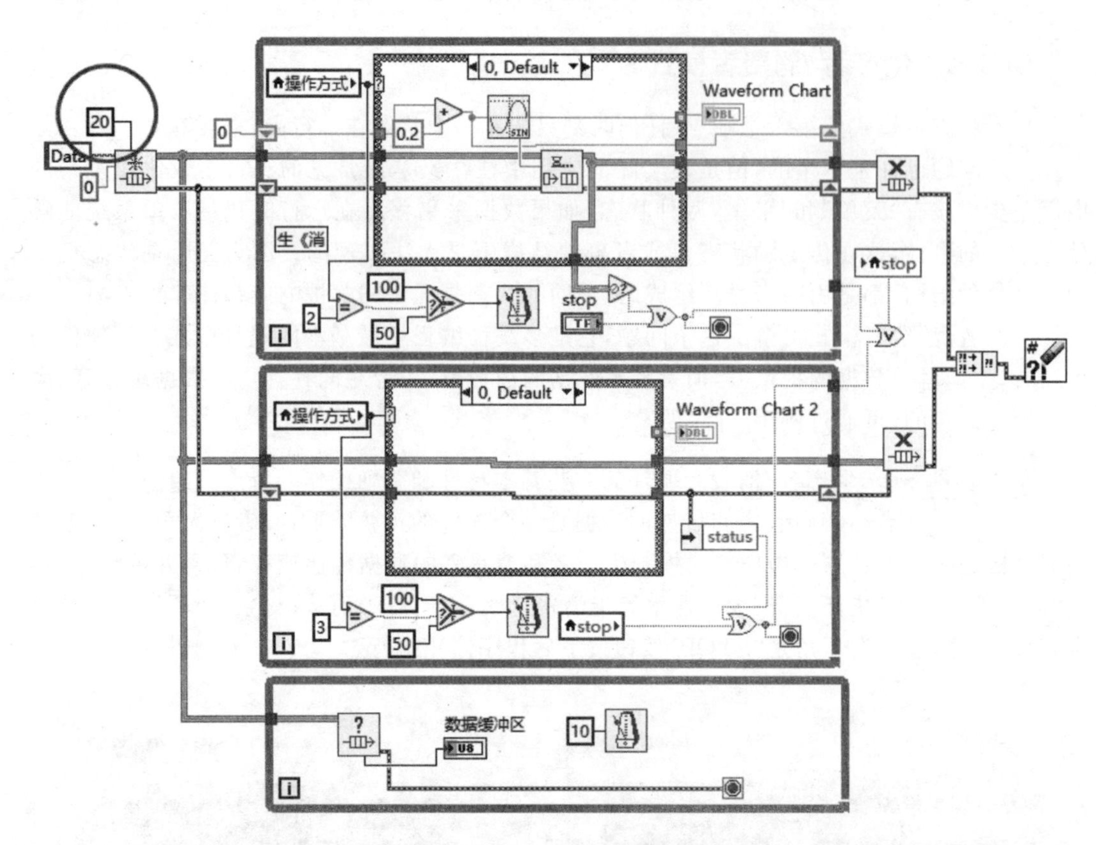

图 10-15　生产者/消费者后面板

演示效果

10.2　交通信号灯

10.2.1　系统要求

(1) 制作十字路口红绿灯模型,路口车行道四组信号灯(各含红、绿、黄三个灯,见图 10-16)。

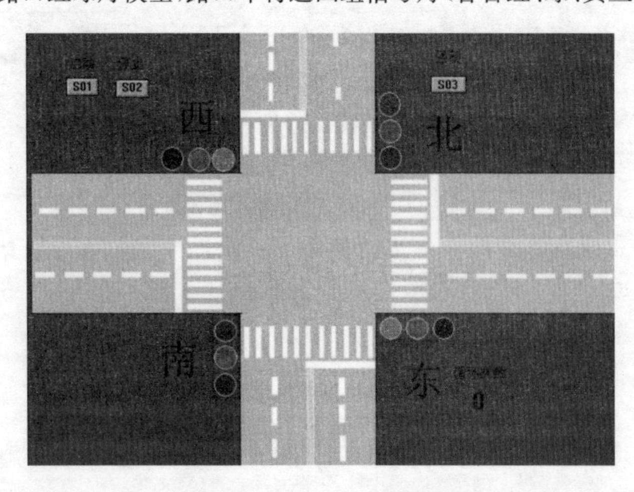

图 10-16　十字路口红绿灯模型

(2) 设置一个启动按钮 SO1，当它接通时，信号灯控制系统开始工作，且先南北红灯亮，东西绿灯亮。设置一个停止按钮 SO2 和一个强制按钮 SO3。启动按钮开启 SO1 后，信号灯按如下时序持续转变：

① 南北红灯亮并保持 15 s，同时东西绿灯亮，但保持 10 s，到 10 s 时东西绿灯闪亮 3 次(每周期 1 s)后熄灭；继而东西黄灯亮，并保持 2 s，到 2 s 后，东西黄灯熄灭，东西红灯亮，同时南北红灯熄灭和南北绿灯亮。

② 东西红灯亮并保持 10 s，同时南北绿灯亮，但保持 5 s，到 5 s 时南北绿灯闪亮 3 次(每周期 1 s)后熄灭；继而南北黄灯亮，并保持 2 s，到 2 s 后，南北黄灯熄灭，南北红灯亮，同时东西红灯熄灭和东西绿灯亮。

③ 上述过程做一次循环；当强制按钮 SO3 接通时，南北黄灯和东西黄灯同时亮，并不断闪亮(每周期 2 s)；直至按下停止按钮 SO2。

④ 按启动按钮后，红绿灯连续循环，按停止按钮 SO2 红绿灯立即停止；当再按启动按钮 SO1 红绿灯重新运行。

(3) 用一个 LED 数码管显示循环次数，计数到 9，则自动停止循环，直至再次按下启动按钮 SO1 红绿灯重新运行。

10.2.2　硬件构成

本系统主控制器采用 myRIO，其他硬件还有四个红绿灯模块、三个按键和一个 LED 模块，如图 10-17 所示。

图 10-17　交通信号灯系统实物图

10.2.3　软件实现

启动、停止和强制停止按键的控制可按照第 2 章介绍的方法进行处理；将整个系统分成几个连续的状态，采用基本状态机的方法进行红绿灯的控制；数码管则可使用条件结构进行控制，根据输入的数字量控制数码管不同字段的亮灭。程序代码如图 10-18、图 10-19 所示。

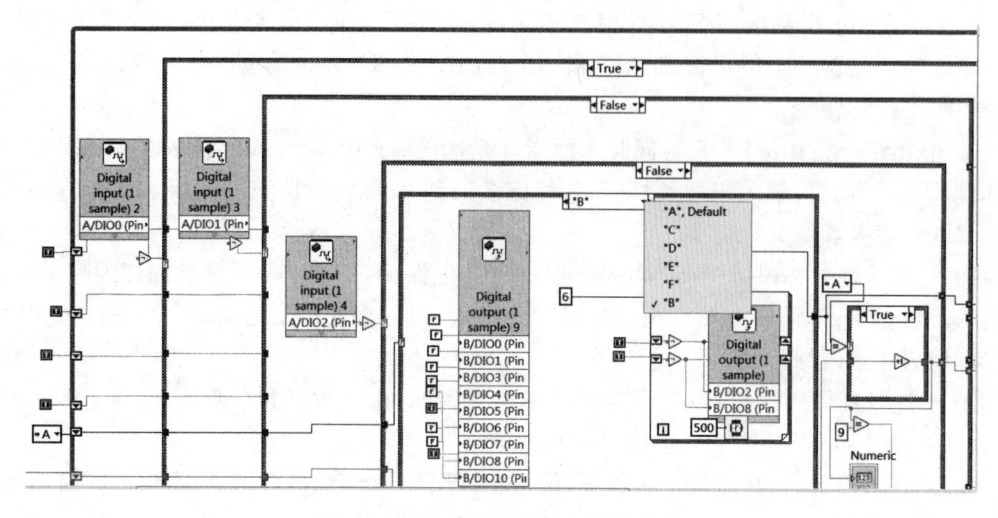

图 10-18 交通信号灯系统程序代码

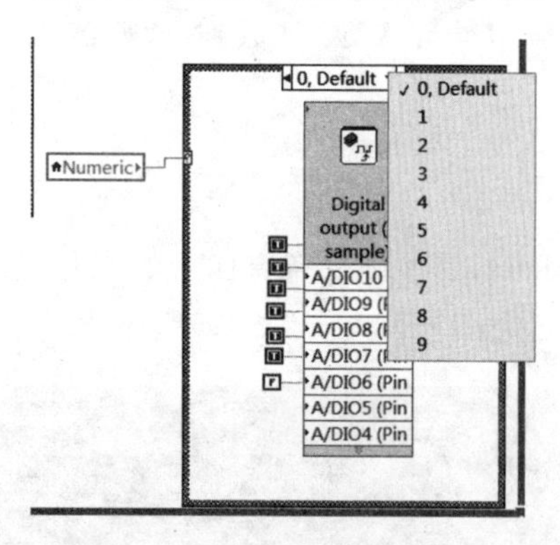

图 10-19 数码管程序代码

10.3 光 立 方

演示视频

10.3.1 系统要求

(1) 用若干个二极管LED灯以立方体形式搭建至少5×5×5光立方,或其他异形形式;用myRIO驱动控制光立方形成立体动画效果。

(2) 至少可实现3种不同显示模式,由外部按钮进行切换。

(3) 设置启动按钮和停止按钮。按下启动按钮,系统连续运行;按下停止按钮,系统停止,再次按下启动按钮,系统重新运行。

10.3.2 硬件构成

1) 系统结构图

按照系统要求,系统的总体结构如图10-20所示。

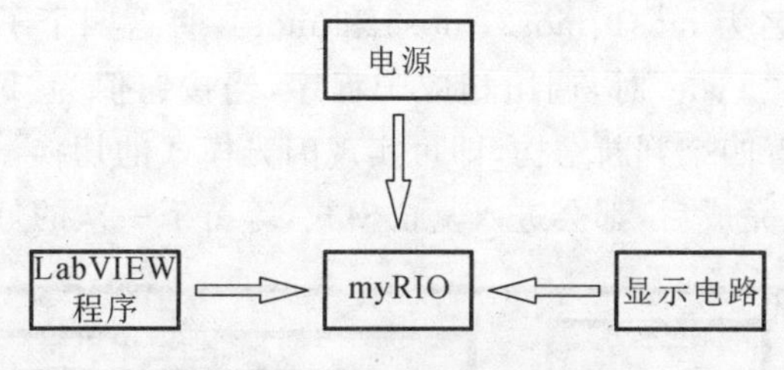

图 10-20　光立方系统结构图

2) LED 灯排序方式的设计

“光立方”由 5 层 5×5 的 LED 矩阵组成,每层位置排列全部一致,如图 10-21 所示。每层所有 LED 的阴极全部接到一起,然后连至 myRIO 的 I/O 口;每层所有 LED 的阳极分别和其他层同一位置上 LED 的阳极连在一起,然后再把它们连至 I/O 口上,如图 10-22 所示。

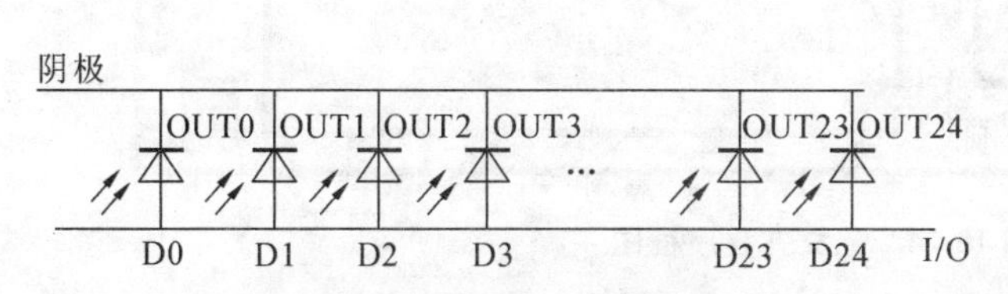

图 10-21　每层 LED 的连接方式

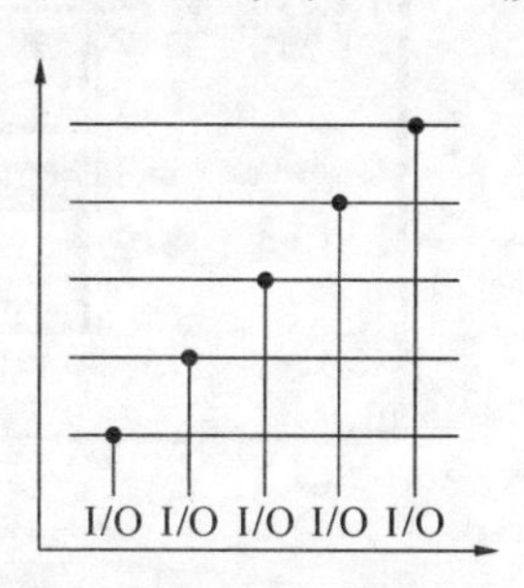

图 10-22　层与层的连接方式

按此方式连接后的光立方实物如图 10-23 所示。

图 10-23　光立方实物图

10.3.3　软件实现

本设计一共设计了四种模式的闪光效果,为了使程序简洁方便,将每一种模式的程序加入了一个子 VI,这样只要在主 VI 中单独调用对应的子 VI 即可。为方便模式的切换,程序的前面板增加 4 个按钮,每个按钮对应了一个模式,每个模式运行完以后进入复位状态。

主 VI 程序如图 10-24,四个“OK”按钮分别对应四种不同形式的闪光模式,它们分别被放进了四个子VI中，命名为mos1、mos2、mos3和mos4，将这四个子VI分别放进四个判断结构中，设置当按钮值为“True”时，调用相应子程序，当按钮值为“False”时，停止相应子程序。四个按钮分别对应着四个判断结构，即可实现闪光模式的切换。另外，设置灯全灭为复位模式，每一次切换灯光完成后，都会进入复位模式，等待下一次的灯光效果切换。

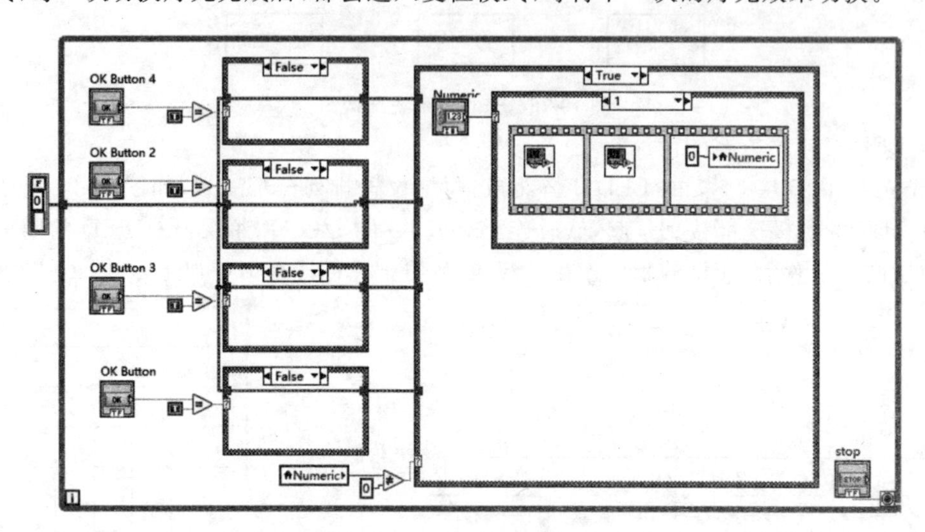

图 10-24　光立方程序框图

10.4　计　算　器

演示视频

10.4.1　系统要求

(1) 能够实现普通计算器的功能(四则运算)；

(2) 能够实现科学计算器的功能(函数运算)；

(3) 能在LCD显示屏上显示正确的运算结果；

(4) 添加语音，读报按键和结果。

10.4.2　设计思路

(1) 采用两个矩阵键盘输入0～9十个数字和各种基本运算符号。

(2) 首先是对矩阵键盘进行检测，查询哪个按键被按下，按键反馈是一个布尔矩阵，通过布尔矩阵中的布尔量可以直观地反映出是哪一个按键被按下。

(3) 然后对矩阵键盘的十六个按键分别赋一个编号，编号为1～16。先对布尔矩阵进行判断：是否都是FALSE。如果都是FALSE，代表按键并未按下，则赋值为0，如果不是，则判断TRUE的位置，即该位置的按键被按下，提取出相应的编号。连续取值两次，间隔为10 ms，进行消抖处理，避免连续取同样的值。

(4) 由于运用了两个矩阵键盘，所以当第一个键盘取值不为0时，选取第一个键盘；如果第一个键盘取值为0时，则选取第二个键盘。

(5) 采用条件结构，对两个矩阵键盘输出的32个值进行选择判断，每个值对应一个按键，每个按键对应计算器的各个功能（如：0～9 十个数、加减乘除四则运算、三角函数运算等）。

（6）LCD 屏显示：先判断字符串长度是否大于 16 位，如果大于 16 位则将 16 位后面多出来的部分截取掉不显示，如果小于 16 位，则用空字符串常量补全 16 位。

（7）语音模块：串口配置函数以 VISA 为主，先将字符串和语音符号标识串联在一起，语音符号标识的作用是调节语音的属性（如：语速、语调、音量等）。输入的字符串需要添加五位帧头，其中帧头第三位指定了输入字符串的位数，该位数据应为字符串位数＋两位（数据帧），因此要将串联后的字符串转换成无符号字节数组，通过判断数组位数得到字符串位数，合成好的 5 位帧头加文本字符串通过 VISA 的写入函数传给串口，在语音合成模块中合成相应语音并播放。

10.4.3　硬件构成

本系统由 myRIO、两个矩阵键盘、xfs5152ce 语音合成芯片及 LCD 显示屏组成。

1. 矩阵键盘与 myRIO 的连接

图 10-25 所示为矩阵键盘上每个按键代表的数字或功能。粗线框内为按键，外围的 1～8 为矩阵键盘的 8 个引脚。表 10-1 是矩阵键盘引脚对应 myRIO 的接口。

1	2	3	+	1
4	5	6	-	2
7	8	9	*	3
C	0	/	=	4
8	7	6	5	

sin	sec	exp	asin	1
cos	csc	(	)	2
tan	log	^	acos	3
del	ln	sqet	.	4
8	7	6	5	

图 10-25　矩阵键盘功能排布图

表 10-1　矩阵键盘引脚对应 myRIO 的接口

键盘一引脚	1	2	3	4	5	6	7	8
MXP-A 接口	DIO0	DIO1	DIO2	DIO3	DIO4	DIO5	DIO6	DIO7
键盘二引脚	1	2	3	4	5	6	7	8
MXP-B 接口	DIO0	DIO1	DIO2	DIO3	DIO4	DIO5	DIO6	DIO7

2. LCD **显示屏与** myRID **的连接**

LCD 显示屏采用的是 I2C 接口，有四个引脚，其与 myRIO 的连接见表 10-2。

表 10-2　LCD 显示屏与 myRIO 的接口

myRIO 接口	GND	VCC	SDA	SCL
LCD 引脚	PIN30	PIN33	PIN34	PIN32

3. XFS5152CE 语音合成芯片及其与 myRIO 的连接

XFS5152CE是一款高集成度的语音合成芯片，可实现中文、英文语音合成；并集成了语音编码、解码功能，可支持用户进行录音和播放；除此之外，还创新性地集成了轻量级的语音识别功能，支持30个命令词的识别，并且支持用户的命令词定制需求。

XFS5152CE语音芯片的具体功能有：支持任意中文文本、英文文本的合成，并且支持中英文混读；支持语音编解码功能，用户可以使用芯片直接进行录音和播放；支持语音识别功能；芯片内部集成80种常用提示；支持 UART、I2C 、SPI 三种通信方式；支持多种控制命令；支持多种方式查询芯片的工作状态。

XFS5152CE芯片 UART 接口的连接示意图如图 10-26 所示，其与 myRIO 的连接见表 10-3。

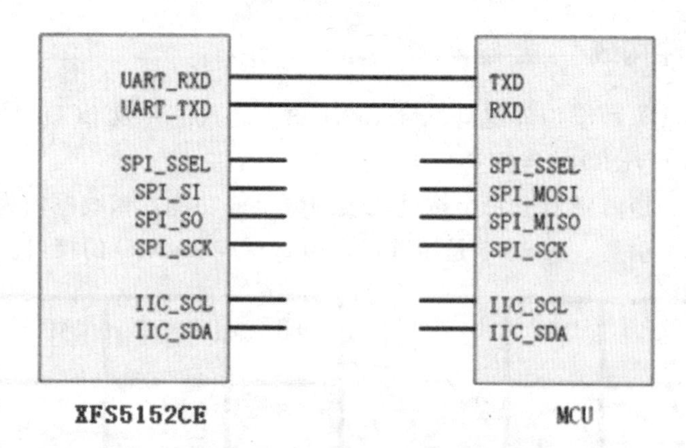

图 10-26 XFS5152CE 芯片 UART 接口连接示意图

表 10-3 XFS5152CE 芯片与 myRIO 的连接

XFS5152CE芯片引脚	3v3	TXD	RXD	GND
myRIO 接口	PIN33	PIN10	PIN14	PIN8

10.4.4 软件实现

1）主程序. vi

主程序采用简单状态机结构，按下“＝”按键时，系统处于“calculate”状态；按下“C”按键时，系统处于“clear”状态；按下其他按键时，系统处于“normal”状态，完成算式的录入和显示，每按下一个按键就将按键内容显示在当前算式后部，不同按键显示内容不同，故设置了32个分支。三种状态下的程序分别如图 10-27 至图 10-29 所示。

2）按键处理总和. vi

此子 vi 的功能是判断键盘一和键盘二的顺序，不能同时按下。其程序如图 10-30 所示。

3）键值处理

键值处理分两步，第一步采用扫描法判断键盘中哪个按键被按下，由扫描法. vi 实现；第二步按键消抖和矩阵键盘编号处理，即对矩阵键盘 16 个按键进行赋值编号，此功能由键值处理. vi 实现。

矩阵键盘扫描法：程序如图 10-31 所示，先逐次给行低电平，循环四次，检查哪列是低电平，则行列交汇点就是被按下的按键。

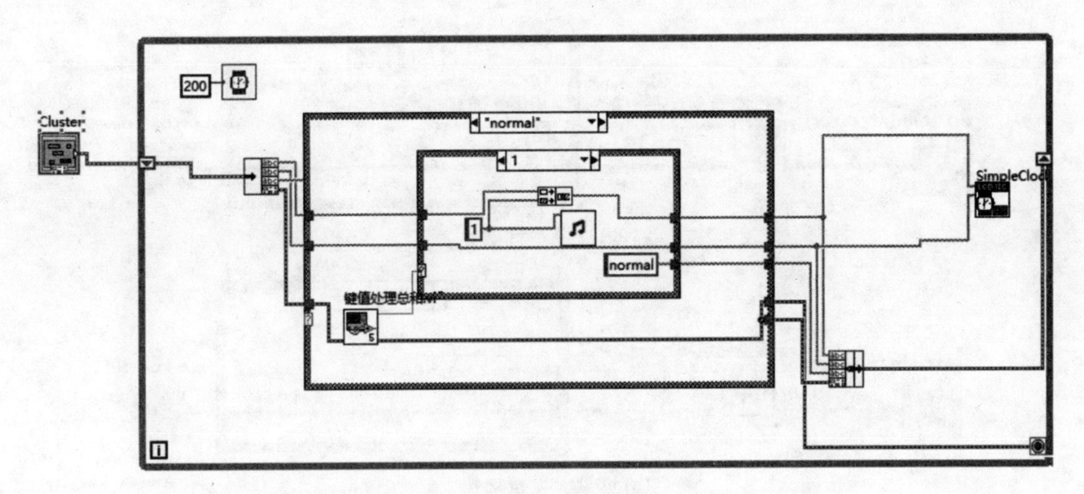

图 10-27　"normal"状态下的程序

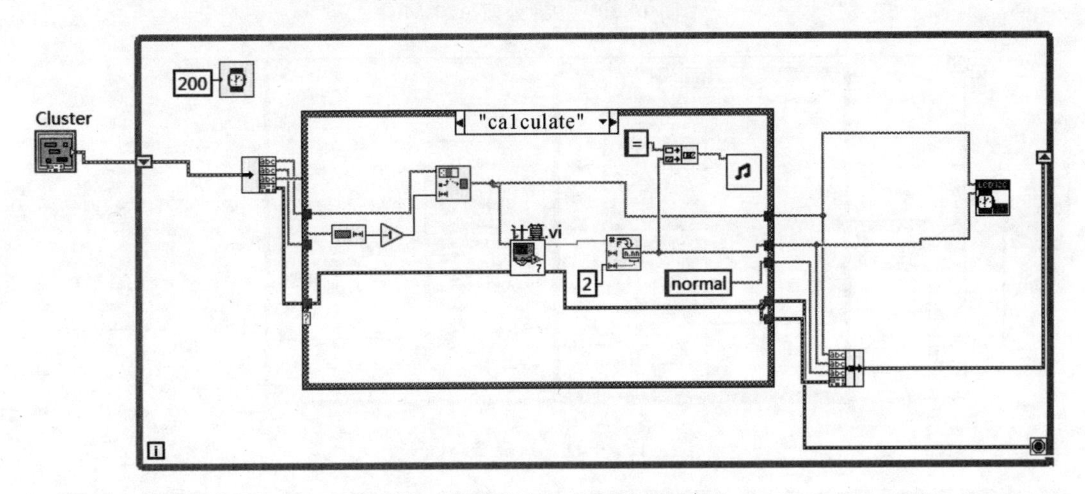

图 10-28　"calculate"状态下的程序

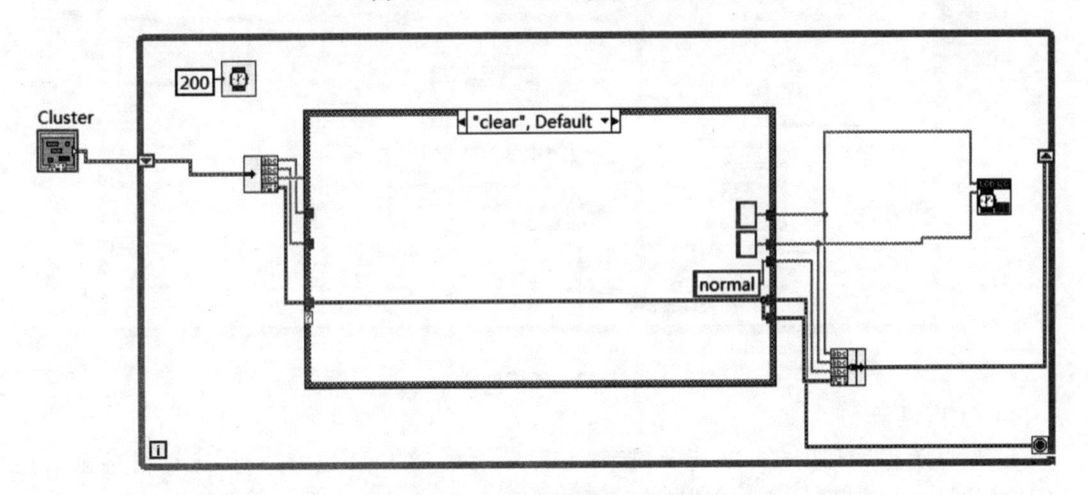

图 10-29　"clear"状态下的程序

按键消抖和矩阵键盘编号处理程序如图 10-32 所示，对按键进行消抖处理，对矩阵键盘 16 个按键进行赋值编号，并对每个按键的意义进行赋值。

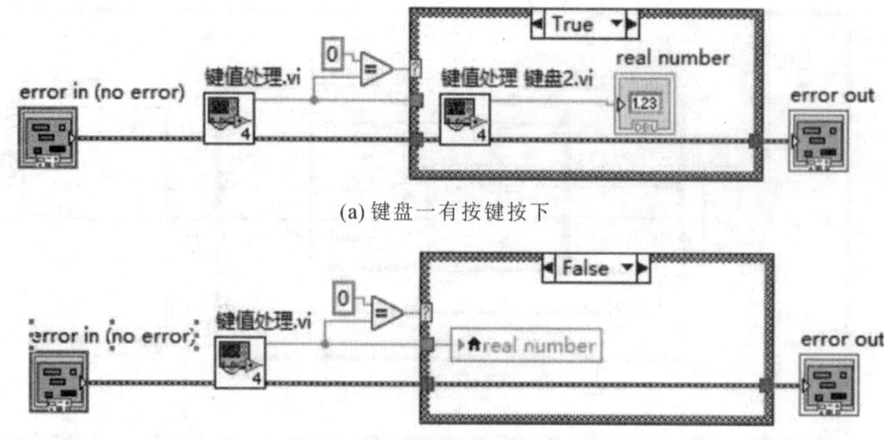

(a) 键盘一有按键按下

(b) 键盘一无按键按下

图 10-30　按键处理总和. vi

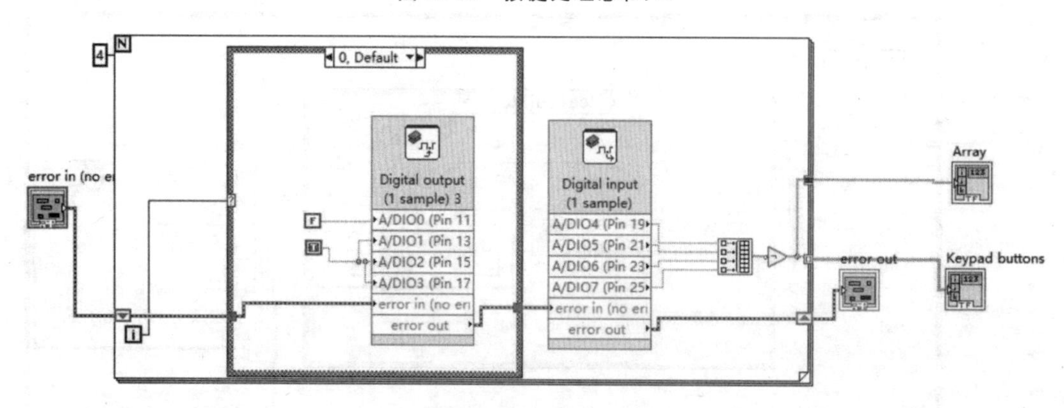

图 10-31　扫描法. vi

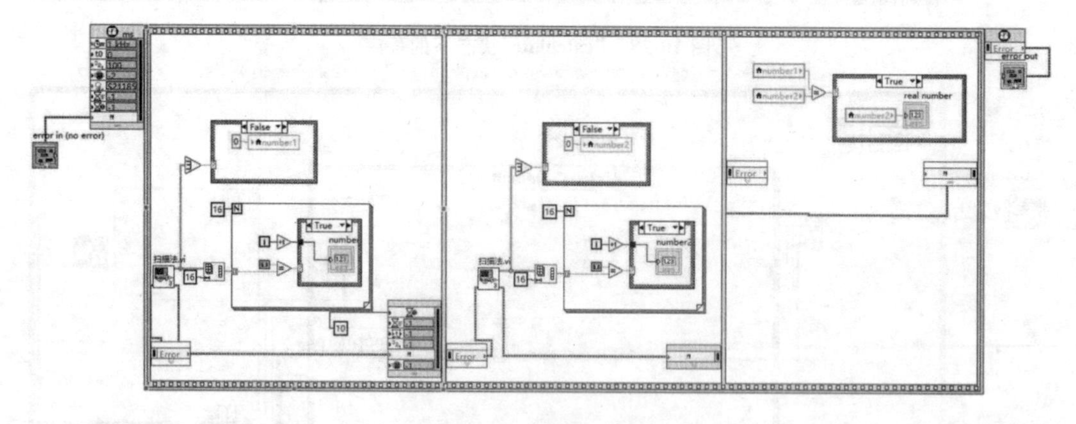

图 10-32　键值处理. vi

4) LCD 显示

LCD 显示程序如图 10-33 所示，运算方程显示在 LCD 屏的第一行，运算结果显示在 LCD 屏的第二行。超过 16 位数据的部分截取掉，未满 16 位的数据用空字符串补全 16 位。

5) 语音模块. vi

语音播报程序如图 10-34 所示。语音模块与 myRIO 之间采用串行通信，通信参数如下：

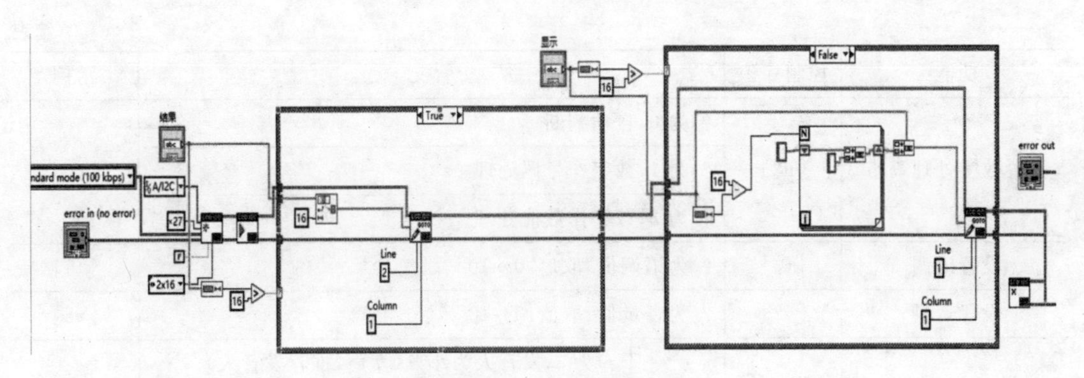

图 10-33 LCD 显示程序图

(1) 通信标准:UART。

(2) 波特率:4800 bps、9600 bps、57600 bps、115200 bps。

(3) 起始位:1bit。

(4) 数据位:8 bits。

(5) 停止位:1 bit。

(6) 校验:无。

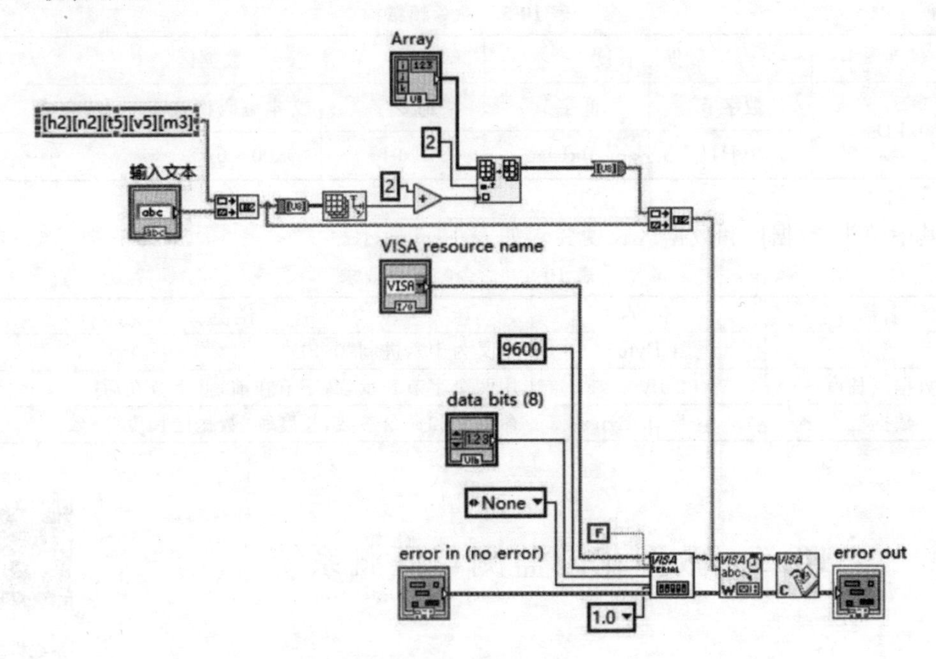

图 10-34 语音模块.vi

图中 h2、n2、t5、v5、m3 为控制标识,分别设置了单词的发音方式、数字处理策略、语调、语速、发音人。这 5 个参数的具体含义如表 10-4 所示。

表 10-4 控制标识的设置

功能	控制标识	含义	示例
设置单词的发音方式	[h?]	? 为 0,自动判断单词发音方式	[h1]
		? 为 1,字母发音方式	
		? 为 2,单词发音方式	

续表

<table>
<tr><th>功能</th><th>控制标识</th><th colspan="2">含义</th><th>示例</th></tr>
<tr><td rowspan="3">设置数字处理策略</td><td rowspan="3">[n?]</td><td colspan="2">? 为0,自动判断</td><td rowspan="3">[n0]</td></tr>
<tr><td colspan="2">? 为1,数字作号码处理</td></tr>
<tr><td colspan="2">? 为2,数字作数值处理</td></tr>
<tr><td>设置语调</td><td>[t?]</td><td colspan="2">? 为语调值,取值:0～10</td><td>[t5]</td></tr>
<tr><td>设置音量</td><td>[v?]</td><td colspan="2">? 为音量值,取值:0～10</td><td>[v5]</td></tr>
<tr><td rowspan="4">选择发音人</td><td rowspan="4">[m?]</td><td rowspan="4">中英文发音人</td><td>? 为3,发音人为小燕(女声,推荐发音人)</td><td rowspan="4">[m3]</td></tr>
<tr><td>? 为51,发音人为许久(男声、推荐发音人)</td></tr>
<tr><td>? 为52,发音人为许多(男声)</td></tr>
<tr><td>? 为53,发音人为小萍(女声)</td></tr>
</table>

控制标识需要按照格式要求与待播报内容合成为命令帧发送。命令帧结构如表10-5所示。

表 10-5　命令帧结构

<table>
<tr><th>帧头</th><th colspan="2">数据区长度</th><th colspan="3">数据区</th></tr>
<tr><td rowspan="2">0xFD</td><td>数字节</td><td>低字节</td><td>命令字</td><td>文本编码格式</td><td>待合成文本</td></tr>
<tr><td>0xHH</td><td>0xLL</td><td>0x01</td><td>0x00～0x03</td><td>……</td></tr>
</table>

其中帧头、数据区和数据区长度要求如表10-6所示。

表 10-6　命令帧长度要求

名称	长度	说明
帧头	1 Byte	定义为十六进制“0xFD”
数据区长度	2 Bytes	用两个字节表示,高字节在前,低字节在后
数据区	小于4k Bytes	命令字和命令参数,长度和“数据区长度”一致

10.5　微型花园监测与灌溉系统

系统构成及演示效果说明

10.5.1　系统要求

微型花园的监测与浇灌系统能够根据土壤湿度和气温情况自动给每个盆栽浇水,可以通过App远程查看花园中每个盆栽的状况。具体要求如下:

(1) 随时监测植物土壤含水量、空气温湿度等,可在恰当的时间自动或手动控制灌溉、改善光照强度。

(2) 采用微喷技术,做到适时适量地控制花园灌水量、灌水时间和灌水周期,从而提高植物的存活率,节约用水。

(3) 通过手机互联实时掌控花卉生长情况、土壤含水量、空气温湿度、光照强度等信息。

10.5.2　硬件构成

本系统包括计算机、传感器、继电器、电磁阀、水泵、水缸、水管以及 myRIO-1900 等硬件，其总体设计构架如图 10-35 所示，硬件接线图如图 10-36 所示。通过将土壤湿度传感器的实时数据与湿度阈值比较后确定是否需要给盆栽浇水从而实现微型花园的自动浇灌。主要电源部分使用的是 16 V 锂电池，将其通过电压转换模块转换成相应电压为各个器件供电，其中用 16 V 转换为 12 V 的电压为 myRIO-1900 和光照度传感器供电，再用 12 V 转换为 5 V 的电压为其他传感器和继电器供电。

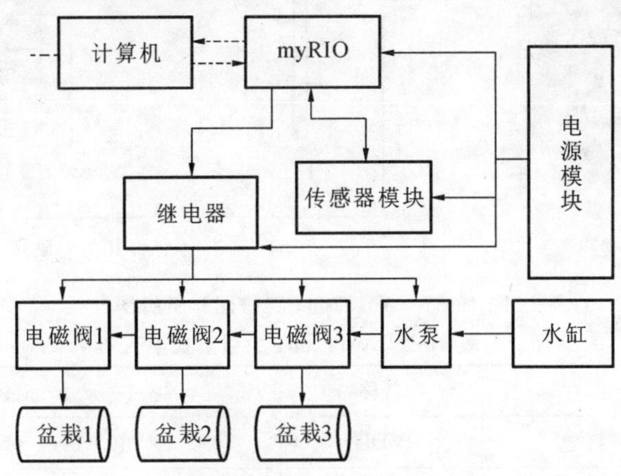

图 10-35　微型花园监测与灌溉系统总体设计架构

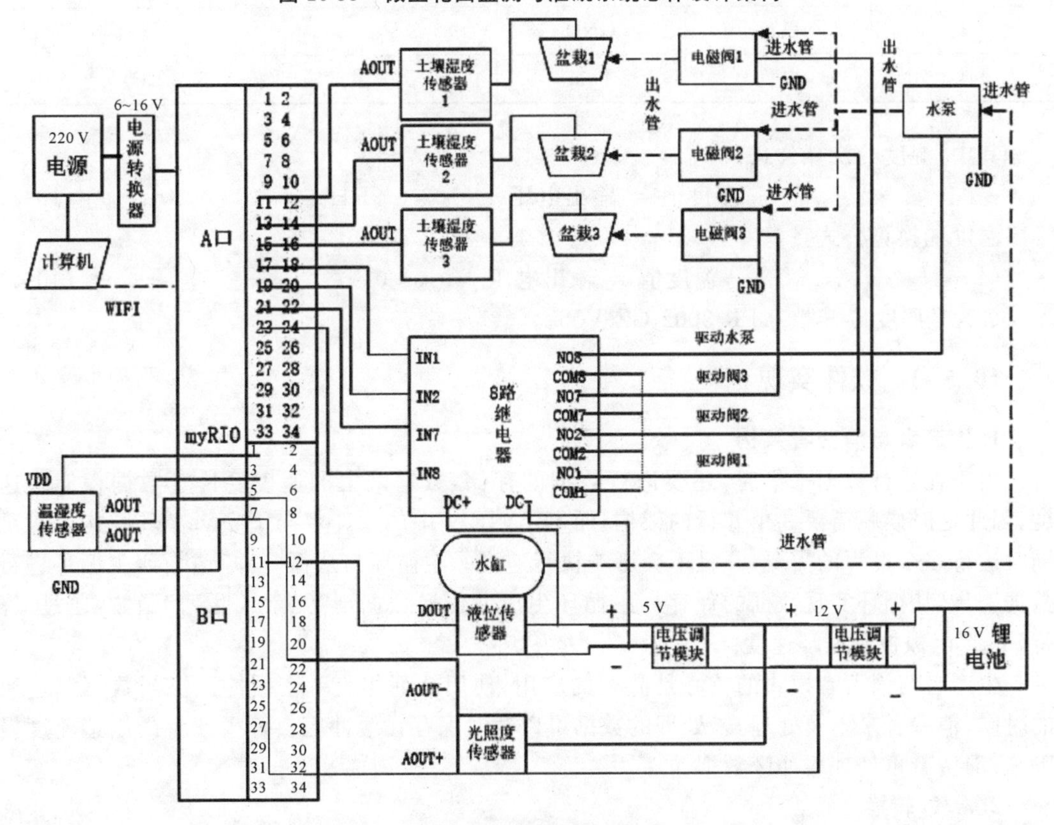

图 10-36　硬件接线图

(1) 温湿度一体传感器 AMT2001。

采集温度和空气湿度的传感器为 AMT2001,其是一款电容型温湿度一体的传感器,传感器的信号采用模拟电压输出的方式,而且已经带有温度补偿。该传感器用直流 4.5～5.5 V电源供电,可直接用 myRIO-1900 自带的 5V 电压供电,输出的模拟电压小于 5 V,也可直接使用 myRIO-1900 的 A、B 端口的模拟输入端进行采集。图 10-37 所示为该温湿度传感器的实物图和引脚图,表 10-7 所示为 AMT2001 的引脚描述。

(a) AMT2001实物图

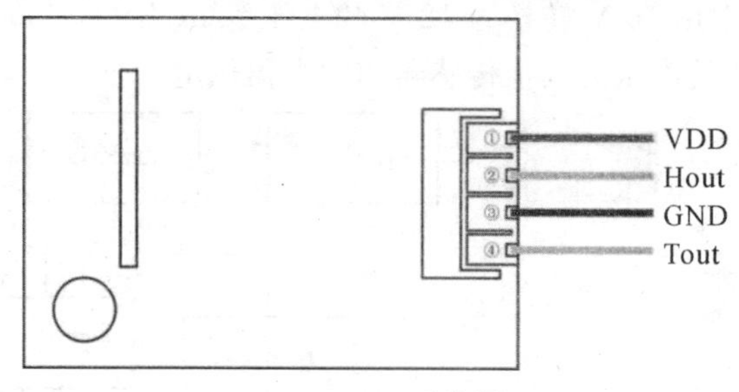

(b) AMT2001引脚图

图 10-37　AMT2001 实物图和引脚图

表 10-7　AMT2001 的引脚描述

引脚	颜色	名称	描述
1	红色	VDD	电源(4.5～5.5 V DC)
2	黄色	Hout	湿度输出(0～3 V DC)
3	黑色	GND	地
4	白色	Tout	温度输出(0～0.8 V DC)

其中,湿度的换算公式:

$$\text{湿度值} = \text{输出电压} \div 0.03\ (\%RH) \tag{10-1}$$

温度的换算公式:

$$\text{温度值} = \text{输出电压} \div 0.01\ (℃) \tag{10-2}$$

(2) 光照度传感器为 PR-3002-GZ-V05。

10.5.3　软件实现

1. 生产者与消费者架构

由于在进行数据采集时,还要进行数据的存储,数据采集的速度要快于数据存储的速度,因此这时候就需要 2 个并行的架构;而 LabVIEW 中的生产者与消费者循环结构可满足同时运行多个过程的需要,并且不会影响执行速度。主循环与从循环并行执行,主循环进行数据采集,从循环实现数据的保存。主循环生成并传递数据至"元素入队列"函数,通过"等待(ms)"函数控制循环速度。

生产者与消费者模式的核心是队列的应用,使用队列作为一个缓冲区。当数据制造快的时候,消费者来不及处理,未处理的数据可以暂时保存在缓冲区。等生产者的制造速度慢下来,消费者再处理缓冲区数据。

2. A/D 转换

A/D 转换是一种将模拟量的电信号转化为数字量(计算机中可以识别的 0 和 1)的过

程。目前常见的 A/D 转换主要有三种类型，即双积分式、并行比较式和逐次比较式。双积分式 A/D 转换主要应用于速度要求不高，但可靠性和抗干扰性要求较高的场合，如用于数字万用表等。并行比较式 A/D 转换主要应用于高速采样，比如用于数字示波器、数字采样器等。逐次比较式 A/D 转换主要用于大多数 DAQ 或单片机中。

设计一种逐次比较式 A/D 转换，主要原理是将参考电平按最大的转换值量化，利用输入模拟电平与参考电平的比例来求得输入电平的测量值，与单片机中 A/D 转换器原理相似，首先初始设定 N 位上的值都为 0。将输入模拟量（需要转换的量）V_1，与预设模拟量 V_2（参考电压）转化成满量程的一半，进行比较，由判断程序输出逻辑量结果。如果 $V_1 \geqslant V_2$，则最高位为 True，输出为 1。然后将 $V_1 - V_2$ 的值和 $N-1$ 位上的值进行比较。相反，若 $V_1 \leqslant V_2$，则最高位为 False，输入为 0，同 $N-1$ 位上的值进行比较。以此类推，直到将所有位数上的值确定。程序框图如图 10-38 所示。

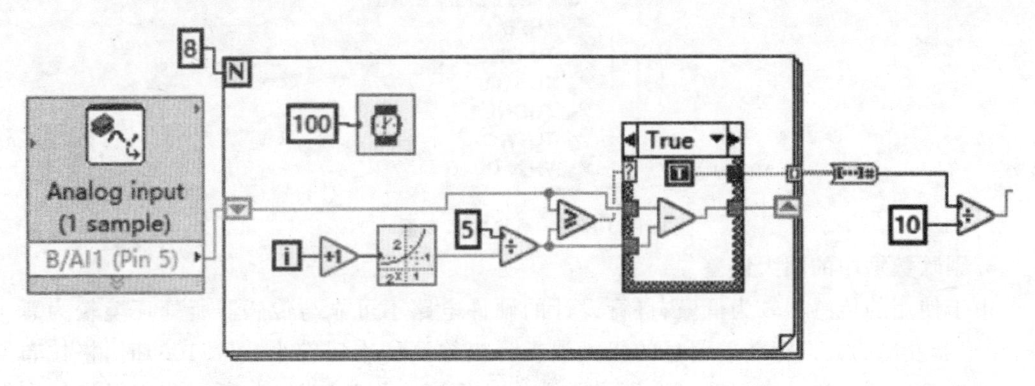

图 10-38　程序框图

3. App 与网络共享变量

在 NI 官方的 Dashboard 基础上开发了一款 App。Dashboard 是商业智能仪表盘（business intelligence dashboard，BI dashboard）的简称，它是用来实现数据可视化的模块，是一种展示度量信息和关键信息的数据虚拟化工具。App 界面如图 10-39 所示。

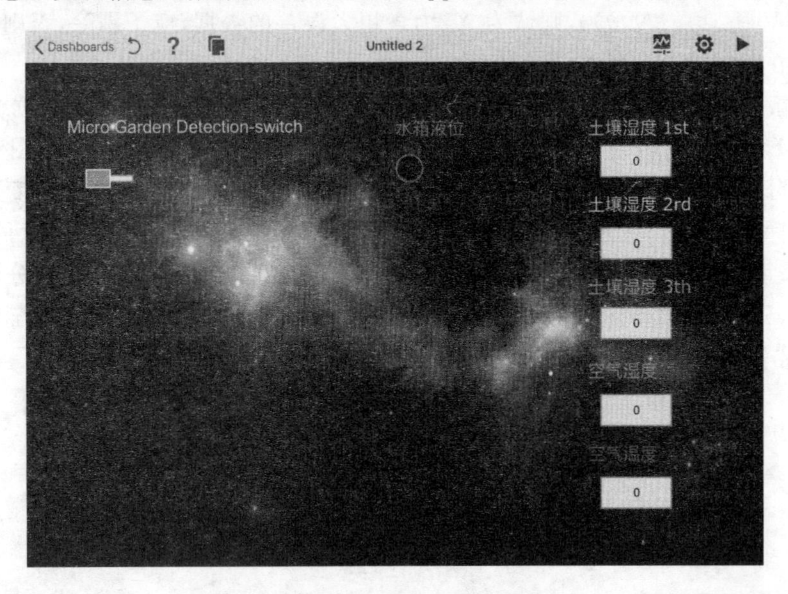

图 10-39　App 界面

要想实现App远程监控，实时监控土壤湿度与环境温湿度等可控条件，需要将App界面与远端建立通信，实现数据传输。而网络共享变量(见图10-40)可以在不同的VI和网络中传递数据，网络共享变量是继DataSocket技术之后LabVIEW为简化网络编程迈出的又一大步。通过共享变量，用户无须编程就可以在不同计算机之间方便地实现数据的共享。用户无须了解任何的底层复杂的网络通信，就能轻松地实现数据交换。用户建立和使用共享变量就如同操作全局变量一样方便。

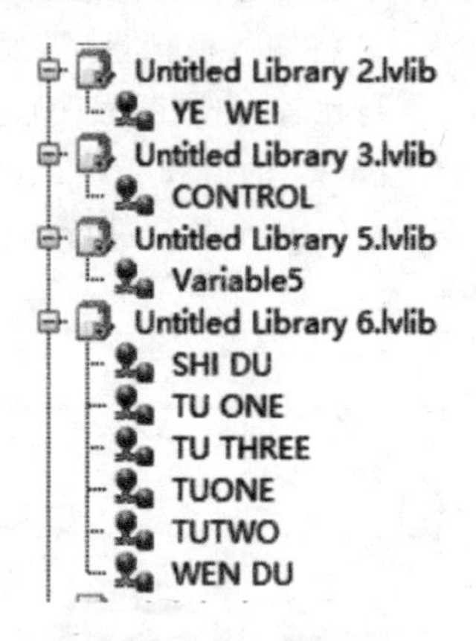

图 10-40 网络共享变量

4. 剔除数据中的粗大误差

由于使用的传感器较为低廉、自行设计的硬件电路不可靠与传感器所处环境较为恶劣等，传感器发出的数据存在着明显的粗大误差。当检测样本比较小($N<100$)时，格拉布斯准则的剔除原则对样品中仅混入个别异常数据的情况判别效率最高，所以我们以格拉布斯准则为基础，设计一套剔除粗大误差的方法，具体步骤如下：

(1) 求出被检测数据 $X_1, X_2, \cdots, X_N$ 的算术平均值 x 和标准差 σ；

(2) 求各个检测数据的偏差 V_i，其中绝对值最大的偏差为 $|V_i|_{max}$；

(3) 根据选定的置信概率 a 以及测量次数 N，确定统计临界系数 $g(N,a)$；

(4) 若 $|V_i|_{max}>g(N,a)\sigma$，则认为 X_i 为含粗大误差的数据，应予剔除，否则认为被检测数据中不存在“坏值”；

(5) 剔除某一含粗大误差的数据后，重复步骤(1)至步骤(4)，直至没有数据被剔除。

图10-41所示为采用格拉布斯准则进行数据剔除的程序框图。程序框图分为3个部分。第一部分接收检验数据并求得绝对值最大的偏差，检验数据以一维双精度数组的形式输入，经过“标准差和方差”函数及“数组最大值和最小值”函数等简单运算即可获得绝对值最大的偏差；第二部分选取格拉布斯准则的统计临界系数 $g(2.176)$；第三部分判断数据是否需要剔除，先判断 $|V_i-g\sigma|$ 是否大于0，若大于0，则剔除数组中相应数据，若小于0，则结束循环，输出平均值。

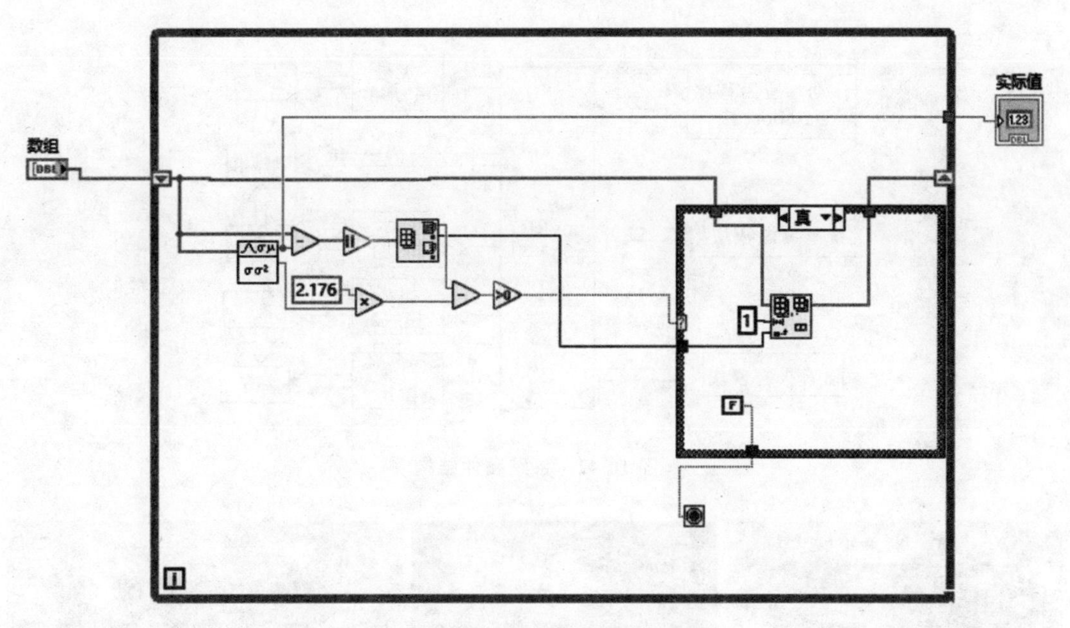

图 10-41　格拉布斯准则程序框图

10.6　智能咖啡机

基于 myRIO 的智能咖啡机

10.6.1　系统要求

设计一个可远程操作的多功能咖啡机，通过远程订制，实现对咖啡口味的预置（加奶或不加奶），并且将温度信息、咖啡杯编号和预计完成时间反馈给用户。实现以下具体功能：

(1) 通过 WiFi 使智能终端与 myRIO 主控制器连接，从而实现远程订制咖啡及其口味，并查询其状态；

(2) 步进电动机推动咖啡机出粉，水泵出水、出奶，咖啡机煮咖啡；

(3) 红外测温模块用于检测杯子是否在位，以便煮好的咖啡滴至杯子；

(4) myRIO 作为主控模块，检测红外测温模块信号，控制步进电动机、水泵和语音报警。

10.6.2　硬件构成

硬件主要采用 myRIO 作为主控模块，步进电动机作为推粉辅助装置，红外测温模块作为测温传感器模块，检测滴出咖啡温度，并反馈至上位机，红外对管模块检测杯子是否存在并将结果反馈给语音报警控制模块，语音报警模块实时输出系统状态，如咖啡杯的有无、咖啡是否完成等。硬件结构如图 10-42 所示，各功能模块的实物如图 10-43 所示。

10.6.3　软件实现

在整个咖啡机装置的软件编程中，采用的是 LabVIEW 中的状态机模块化编程结构，并且将实现单独功能的模块都进行了子 VI 封装，使得整体程序清楚明了，增强了可读性以及可维护性。项目整体软件架构如图 10-44 所示。

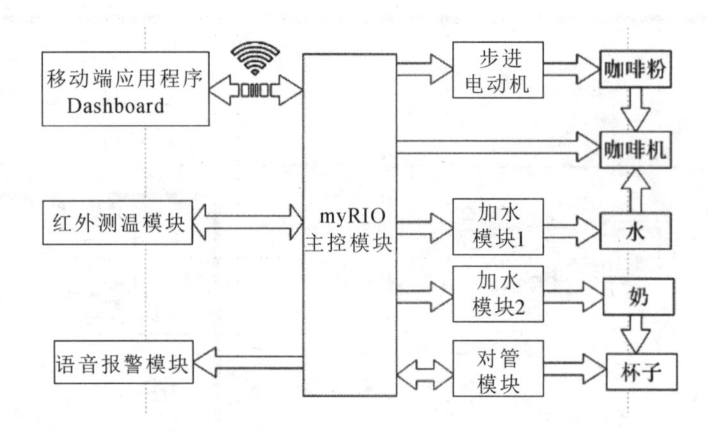

图 10-42　系统硬件结构

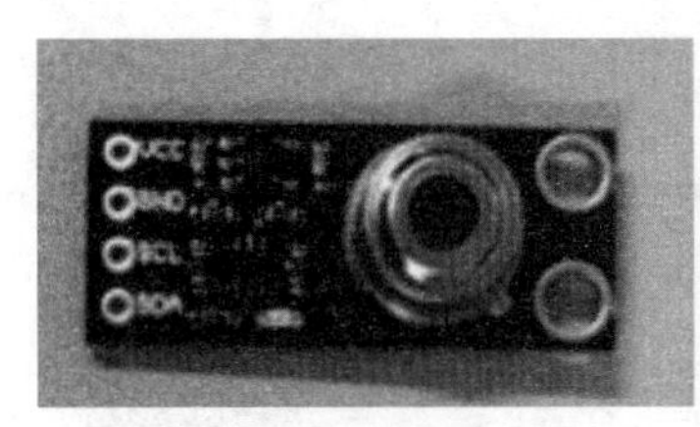

(a) 红外测温模块

(b) 加水模块

(c) 红外对管模块

图 10-43　各功能模块

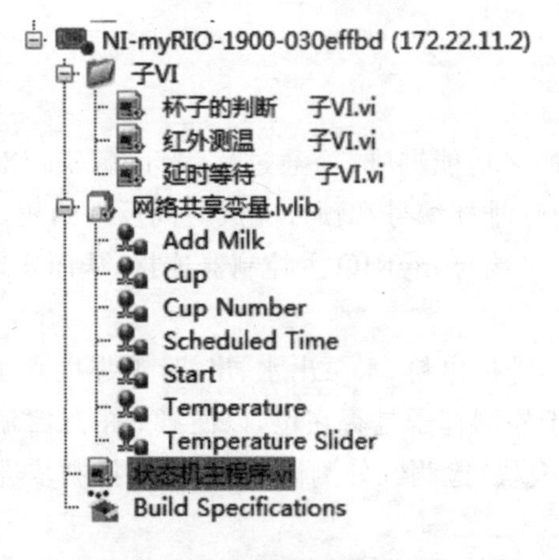

图 10-44　项目整体软件架构

整个程序共包含“初始化”“开始启动”“杯子判断”“推粉”“进水”“启动咖啡机”“结束咖啡机”“加奶”“等待取走”“停止”十个状态，并结合移位寄存器、条件结构、While 循环结构、自定义枚举常量、子 VI 程序来实现各个功能，保证程序运行。同时，通过 WiFi 传输使 myRIO 主控制器与应用终端上的程序 Data Dashboard 相连接来实现咖啡的远程订制。其流程图如图 10-45 所示。

1）主程序界面及代码

主程序界面如图 10-46 所示，主程序框图如图 10-47 所示。主程序界面主要包含推粉时间、进水时间、咖啡机工作时间和加奶时间等的设置，以及杯子编号、预计时间、完成指示灯和温度的显示。

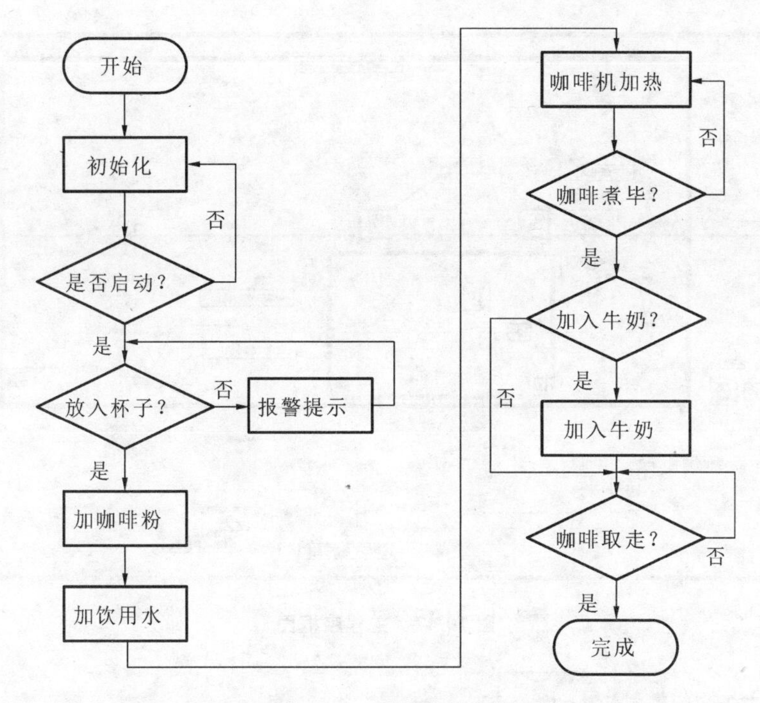

图10-45 程序流程图

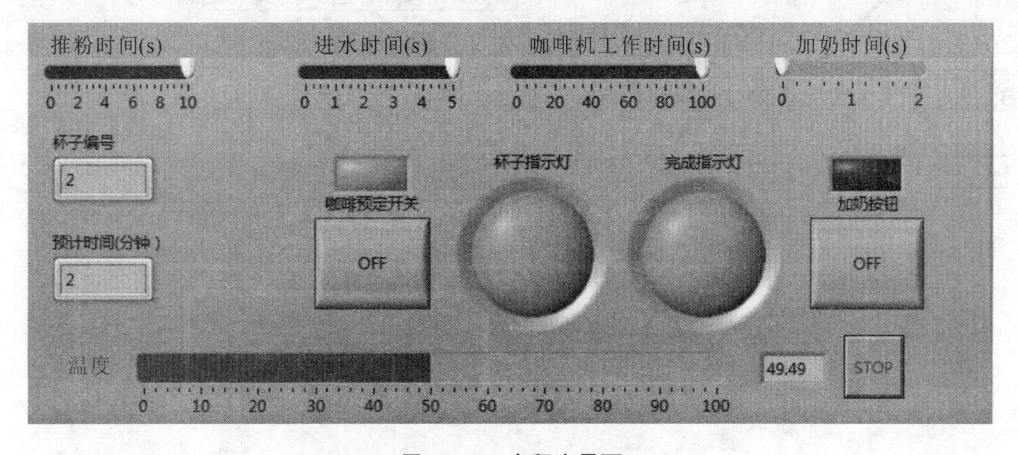

图10-46 主程序界面

2）测温程序

红外测温传感器软件编程采用的是I2C模式。首先我们定义传感器的从机地址、字节数和写入字节，然后将读取到的数据字节中的高位数乘以256再加上低位数转换为十进制数据，最后通过温度结果表达式进行相应运算得到最后的摄氏温度。红外测温程序框图如图10-48所示。

3）远程订制

远程订制界面（见图10-49）包括启动（Start）、添加牛奶（Add milk）、时间设置（Preset time）和杯子数量（Cup number）显示、咖啡温度（temperature）显示等功能，界面简约友好，符合当代人的使用习惯。

4）实物图

完成后的实物如图10-50所示。

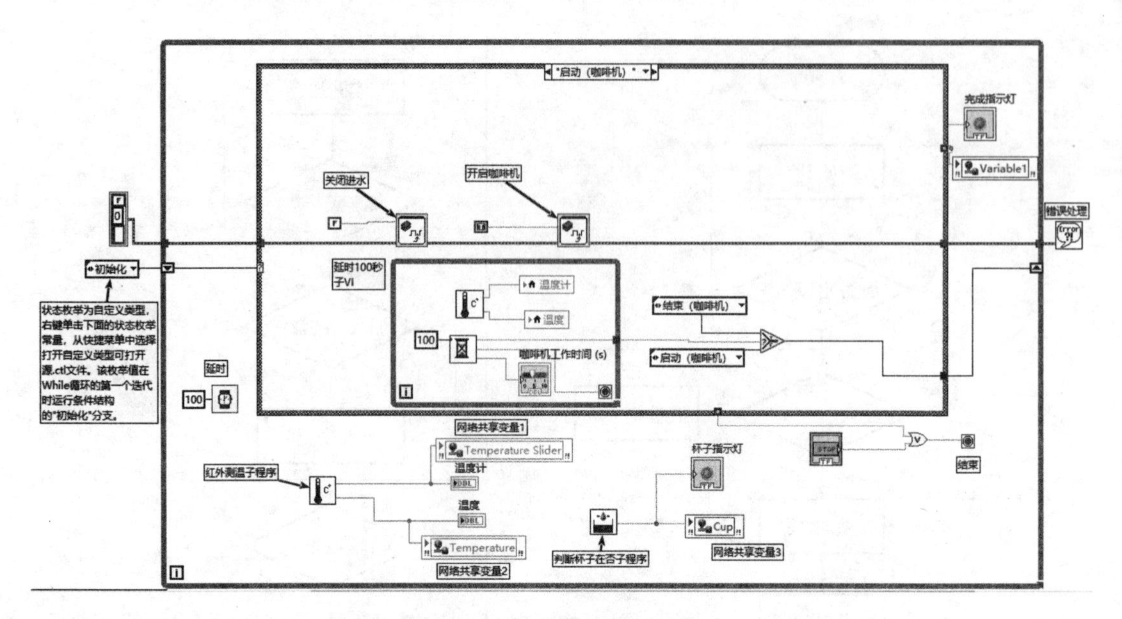

图 10-47　主程序框图

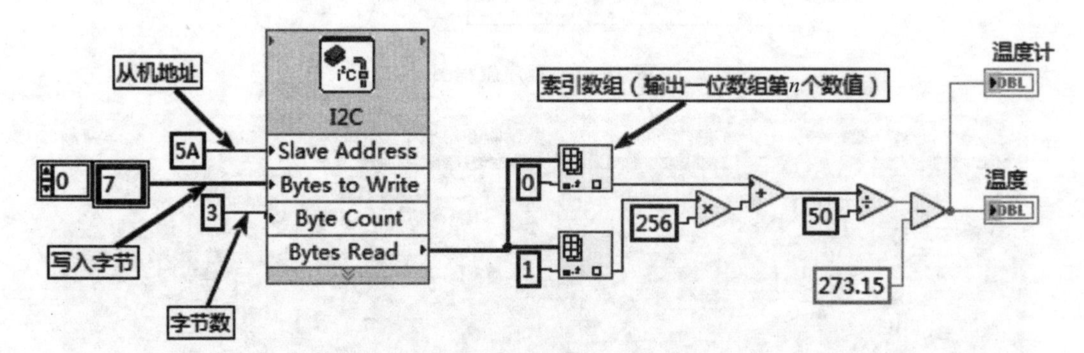

图 10-48　测温程序框图

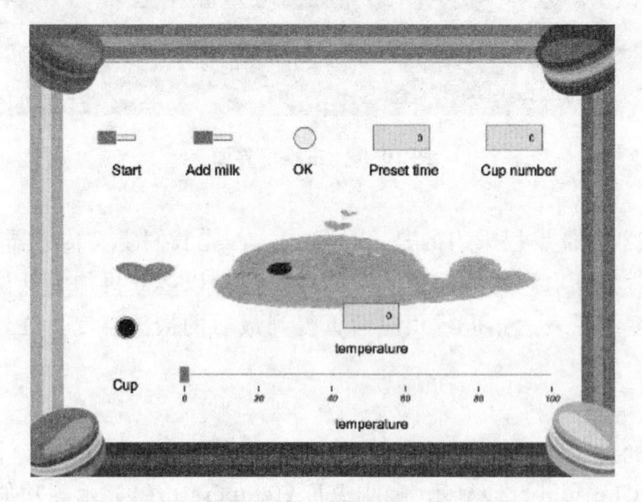

图 10-49　远程订制界面

图 10-50　实物图

10.7　智能捡乒乓球机器人

自动拣乒乓球机器人

10.7.1　系统要求

运用 myRIO 实现智能机器人捡乒乓球功能，将机器人设计为小车模样，车身为乒乓球存储器，四轮控制机器人的运动，摄像头作为机器人的眼睛，自动寻球。机器人有两种工作模式，自动寻球捡球模式与手动操作模式。具体要求如下：

(1) 设置自动寻球捡球模式和手动操作模式，手动操作模式下通过人工操作完成捡球功能；自动寻球捡球模式通过视觉和运动控制，完成区域内的寻球捡球功能；

(2) 机器人四轮的运动控制包括前进、后退、左转、右转；

(3) 相机实时采集图像，实现乒乓球目标识别与定位，确保其准确率和精度；

(4) 设计行进路线，争取不重复运动，提高效率；

(5) 设计遇到障碍的避障策略，确保行进路线不重复。

10.7.2　硬件构成

系统硬件主要由 myRIO 控制器、各类传感器、摄像头、捡球装置、车身等组成。其主要结构如图 10-51 所示。

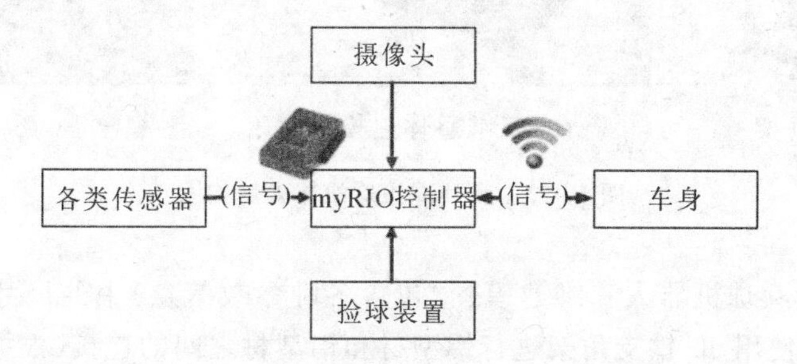

图 10-51　智能捡乒乓球机器人硬件结构图

1. 硬件搭建

各类部件包括红外传感器、超声波传感器、激光对射传感器、舵机和减速电动机等，其安装位置与功能如表 10-8 所示。

表 10-8 各部件名称、安装位置与功能

部件名称	部件安装位置	部件功能
红外传感器	车身下层云台前端两侧	监测小车两侧距离，提供避障前的判断
超声波传感器	车身上层云台前端	监测小车前方距离和判断小车两侧距离
激光对射传感器	车身储存球箱内壁	判断小车是否装满
摄像头传感器	车身下层云台前端	通过图像识别监测小球和判断小球的位置
舵机	车身上层云台前端	给超声波传感器提供左右运动的动力
减速电动机	车身下层云台四周	给小车的直行、转弯提供动力

捡球机构借助一个通风机实现，如图 10-52 所示。捡球时，通风机风扇反向倒抽，将乒乓球吸入乒乓球存储器内，完成乒乓球的捡拾和储存，要求调整和控制好风速和风向，保障捡球效率。

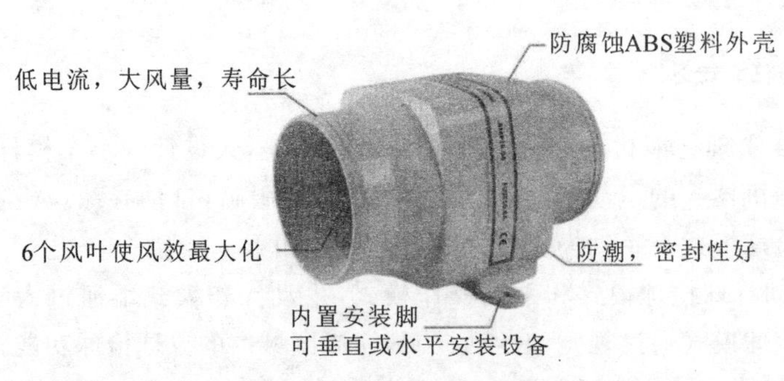

图 10-52 通风机实物图

智能捡乒乓球机器人内部三维框架、三维建模图和实物图如图 10-53 所示。

(a) 内部三维框架

(b) 三维整体建模图

(c) 实物图

图 10-53 乒乓球捡球机器人结构图

2. 硬件连接

根据智能捡乒乓球机器人三维建模图（包含各种参数信息）中的尺寸要求购买和切割 2020 铝型材，通过使用 90°铁支角架进行铝型材和铝型材之间的连接（根据机器人内部框架三维建模图），完成小车的内部支架搭建。按照机器人三维建模图，搭建平台和包装小车的外部框架结构，通过 2020 铝材专用螺栓进行固定安装，粘贴上特定的壁纸，小车的框架即基本完成。

按要求安装电动机支架、电动机、轮胎，固定好各个传感器与各种小车运动模块和通风机。门的安装采取永久磁铁和铁块结合，同时在门旋转的位置安装合页，即可完成上方和后端门的安装。按照电路要求焊接和连接小车的核心板(含电动机驱动、继电器和开关等)，完成小车核心板制作后，按各类传感器的接线要求，将各个元件和 NI myRIO 使用杜邦线或电缆进行连接，并将端口对应连线记录于表格中，最终搭建的智能捡乒乓球机器人的实体基本与 Soildworks 三维建模图相同。最后，NI myRIO 和减速电动机接上 12 V 的锂电池，通风机接上 12 V 的蓄电池。小车的硬件搭建即可完成。小车的接线表如表 10-9 所示。

表 10-9　端口接线表

myRIO 接线口	机器人对应接线端
A1 VCC	继电器提供 5 V 电源的正极
A8 DGND	给继电器提供 5 V 电源的负极
A11 DIO0	左传感器的接收端
A13 DIO1	右传感器的接收端
A15 DIO2	继电器的信号发送端
A17 DIO3	右红外对接传感器信号接收端
A19 DIO4	左红外对接传感器信号接收端
A27 PWN1	舵机占空比的输出
B1 VCC	电动机驱动、红外传感器和舵机提供 5 V 电源的正极
B8 DGND	电动机驱动、红外传感器和舵机提供 5 V 电源的正极
B11 DIO0 B13 DIO1	右侧电动机转向的输出端
B15 DIO2 B17 DIO3	左侧电动机转向的输出端
B27 PWN1	右侧速度的输出端
B31 PWN3	左侧速度的输出端
C11 DIO0	超声波输出端
C12 DIO1	超声波信号输入端
C19 DGND	超声波 5 V 电源负极
C20 VCC	超声波 5 V 电源正极

10.7.3　软件实现

采用 LabVIEW 图片化编程软件对智能捡乒乓球机器人的运动行为进行编程，建立程序工程，如图 10-54 所示，结合 LabVIEW 中的图像采集和视觉助手的快捷 VI 实现图像采集、识别和处理。

LabVIEW 编程(手动操作模式和自动寻球捡球模式)主界面如图 10-55 所示。

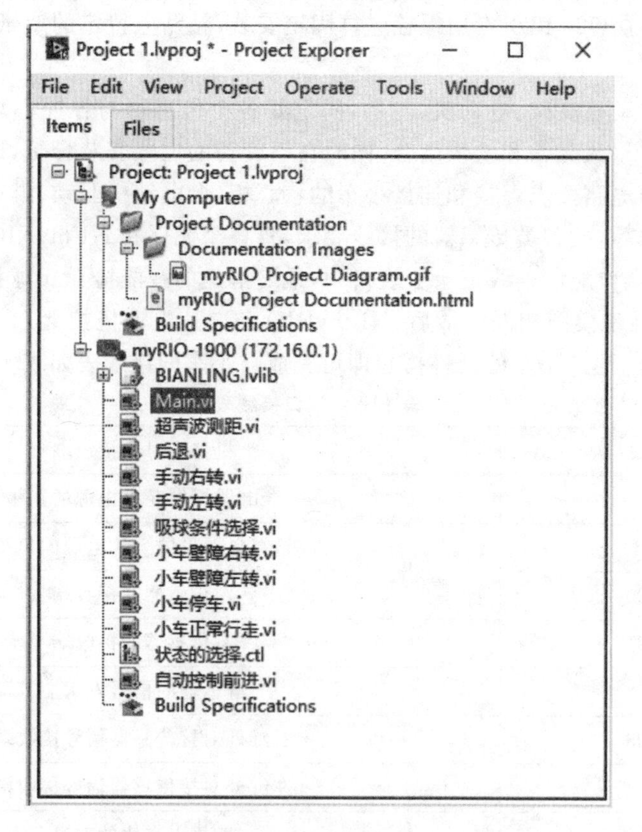

图 10-54 工程文件

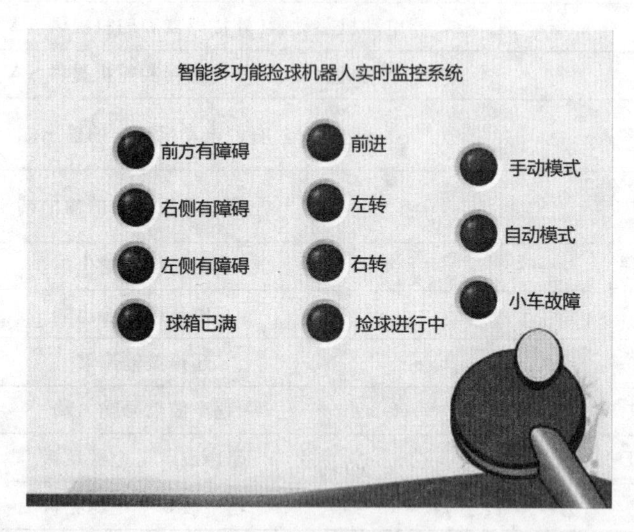

图 10-55 编程主界面

1. 手动操作模式

手动操作模式使用平板电脑上 NI 官方的应用程序 Dashboard，通过网络共享变量实现数据参数的传递。应用程序通信实例如图 10-56 所示。

LabVIEW 中含有 5 个网络共享变量(用于通过局域网与外围设备进行传递信息)，由平板电脑 Dashboard 中开关控件控制网络共享变量输出，LabVIEW 程序将判断传出信号需执行哪个事件，运行对应事件的子函数，实现对智能捡乒乓球机器人的远程手动操作模式。

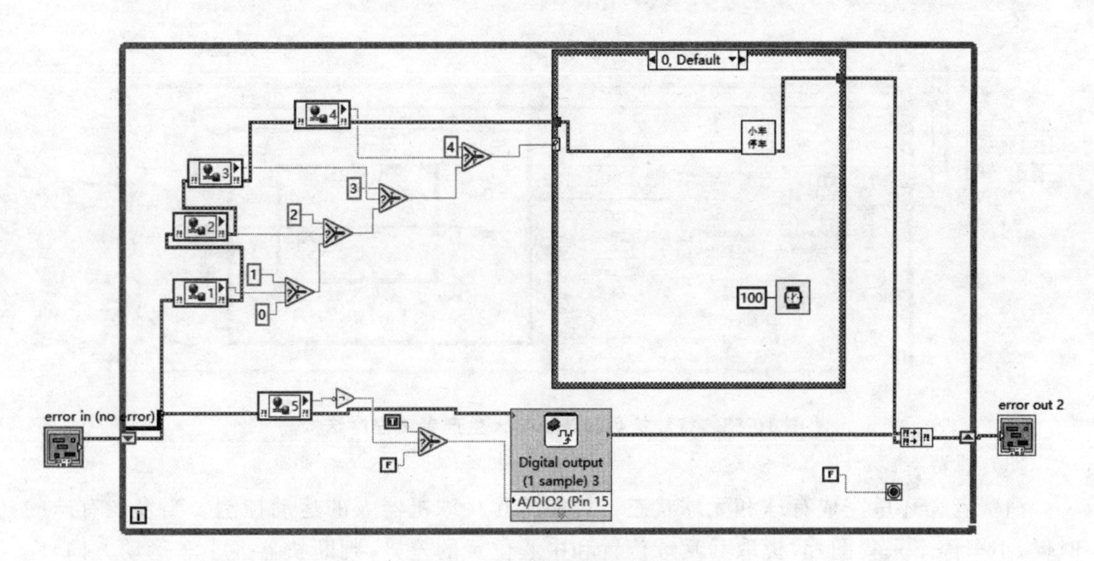

图 10-56　应用程序通信实例

2. 自动寻球捡球模式

自动寻球捡球的 LabVIEW 编程采用了双生产者单消费者的编程结构。两个生产者分别产生为智能捡乒乓球机器人行走状态判定和捡球判定的数据，供消费者处理。

(1) 生产者 1——行走状态判定。

智能捡乒乓球机器人行走状态判定包括正常行走、左转、右转和停止四种，其程序结构如图 10-57 所示。

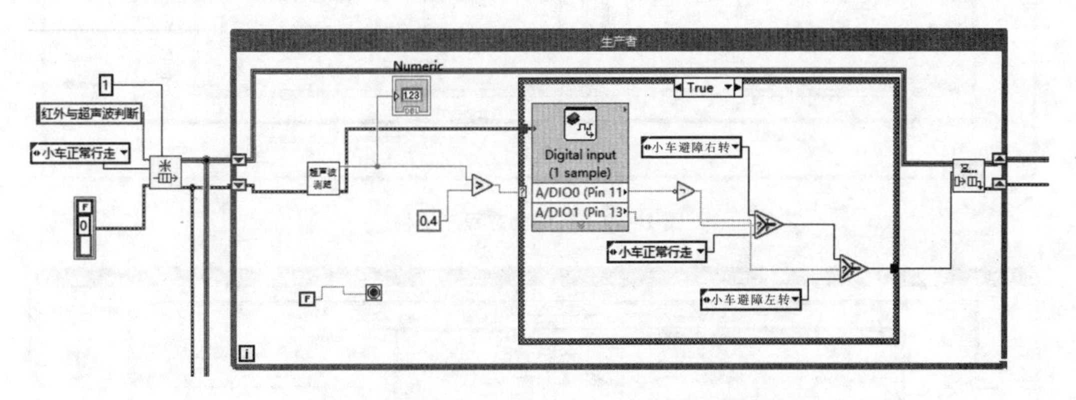

图 10-57　智能捡乒乓球机器人生产者 1 程序结构

生产者 1 包含一个子函数(超声波测距子 VI)，用于获取智能捡乒乓球机器人与障碍物之间的距离。生产者 1 主要用于监控超声波传感器和红外传感器传回的避障信号，生产出需执行的信息(避障或者正常行走)，传递给消费者执行相应的功能，超声波信号优先处理。

(2) 生产者 2——捡球判定。

生产者 2 通过图像处理技术完成前方是否有乒乓球的识别及捡球判定。其程序结构如图 10-58 所示。

生产者 2 包含两个快捷 VI(图像采集与视觉助手)，主要用于乒乓球图片采集与识别，判断是否存在乒乓球，根据传来的数据选择是否执行捡球程序。生产者 2 的优先级大于生产者 1(先判断是否存在乒乓球，然后才选择是否避障)。

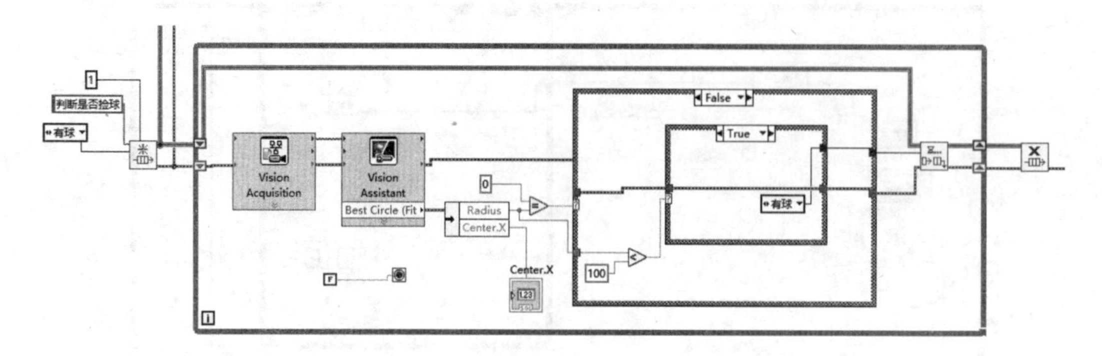

图 10-58　智能捡乒乓球机器人生产者 2 程序结构

(3) 消费者。

消费者循环里完成有球和无球状态下智能捡乒乓球机器人的运动控制。当发现有球的时候，小车停下采集图片，提取乒乓球位置和中心位置的差异，判断机器人小车运动方向，完成捡球动作。其程序结构如图 10-59、图 10-60 所示。

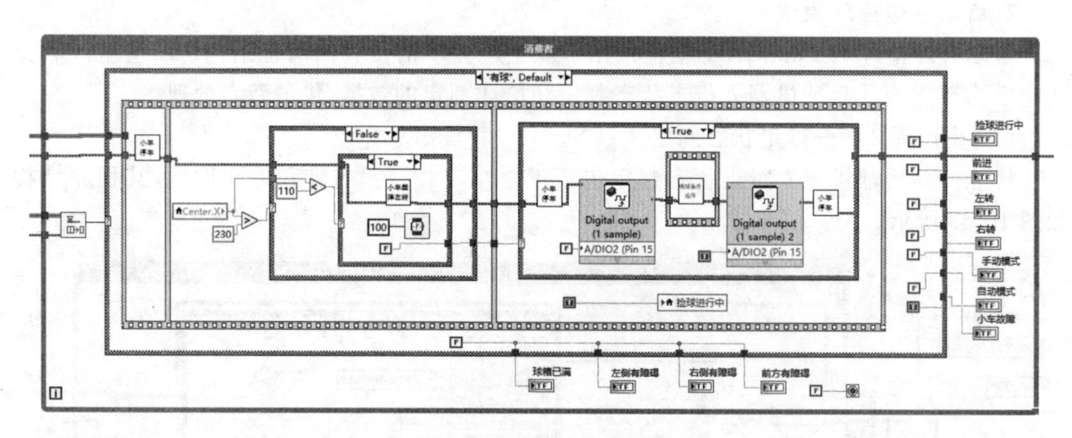

图 10-59　有球状态程序结构

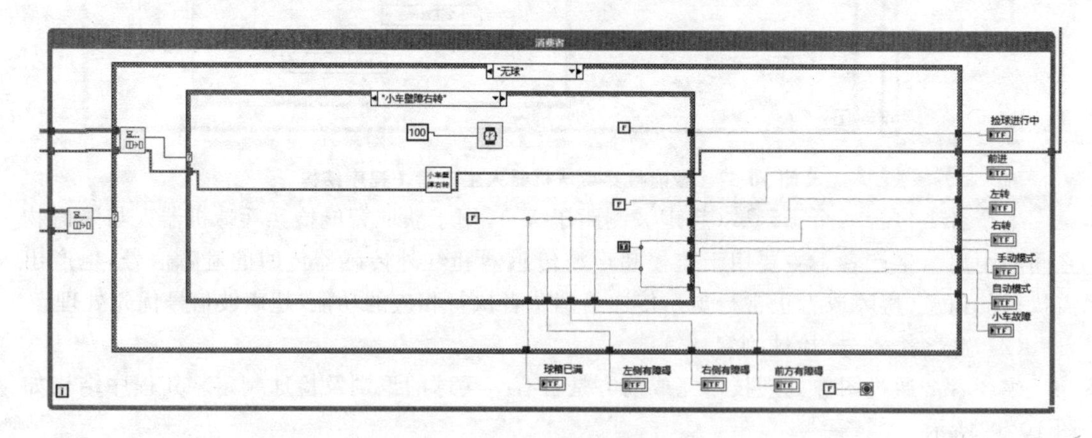

图 10-60　无球状态程序结构

该消费者主要包括 2 种状态，即有球状态和无球状态。生产者 2 判断是否识别到球，若识别到球，则执行捡球操作；若没有识别到球，则根据生产者 1 传回的消息，执行 4 类动作，分别为前进、避障左转、避障右转和超声波停车。

(4) 图像识别与处理。

通过 LabVIEW 中的视觉助手快捷 VI 实现图像的识别与处理,其具体流程如图 10-61 所示。

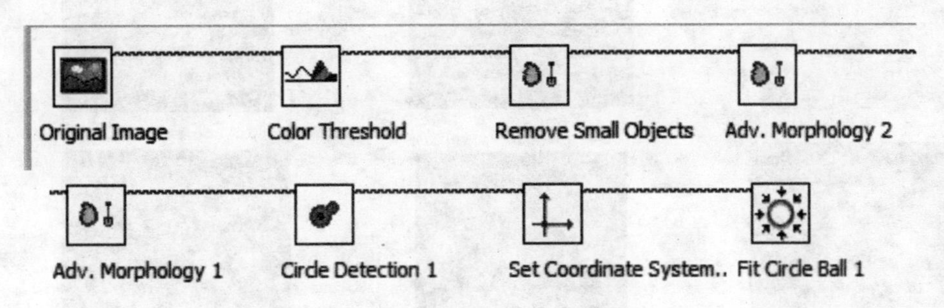

图 10-61 图像视觉识别与处理的具体流程

① Original Image(原始图片):通过智能捡乒乓球机器人前端的摄像头传感器实时拍摄图片(每秒 30 张图片),并根据拍摄的速率传输图片到 NI myRIO,这些图片成为视觉助手的原始图片,为下面的图形处理流程做准备。

② Color Threshold(颜色阈值):通过设置保留原始图片的 RGB 的取值范围,形成只含乒乓球颜色区域的二值化图片。由于乒乓球的颜色都是单一的颜色(橙色或白色),可以通过保留乒乓球本身颜色的 RGB 的取值范围,形成二值化图片(小球本身颜色高亮显示,其余的颜色变黑)。

③ Remove Small Objects(删除小对象):该操作是对乒乓球的二值化图片进行处理与优化。首先,设置需删除颗粒的最大值,然后程序将删除乒乓球二值化图片中小于最大值的高亮颗粒(由外界环境不稳定和不确定因素引起的),留下区域面积较大的颗粒,除去了不确定因素的干扰,提高后面的乒乓球的识别精度。

④ Adv. Morphology 2(填充空缺):程序将填充大面积连续高亮颗粒中的空缺的部分,使大面积连续高亮颗粒成为整体图,提高后面的乒乓球的识别精度。

⑤ Adv. Morphology 1(颗粒边缘处理):对乒乓球的二值化的图片中大面积连续高亮颗粒的边缘进行处理,对凹槽进行填充,使颗粒变得更加的圆润和光滑。

⑥ Circle Detection 1(圆形监测):对之前处理好的二值化图片中的高亮部分进行圆形监测,若监测成功将导出圆形的坐标;反之,将不导出圆形的坐标,后面的图形处理步骤也将到此结束。

⑦ Set Coordinate System(建立坐标):对已导出的近似圆形建立坐标系(在图像中的绝对位置),为后面圆的边缘监测打基础。

⑧ Fit Circle Ball 1(圆形边缘监测):进一步对二值化图片中的高亮部分进行圆形监测,输出圆的半径,从而提高检测乒乓球的精确度。

具体的识别效果如图 10-62 所示。

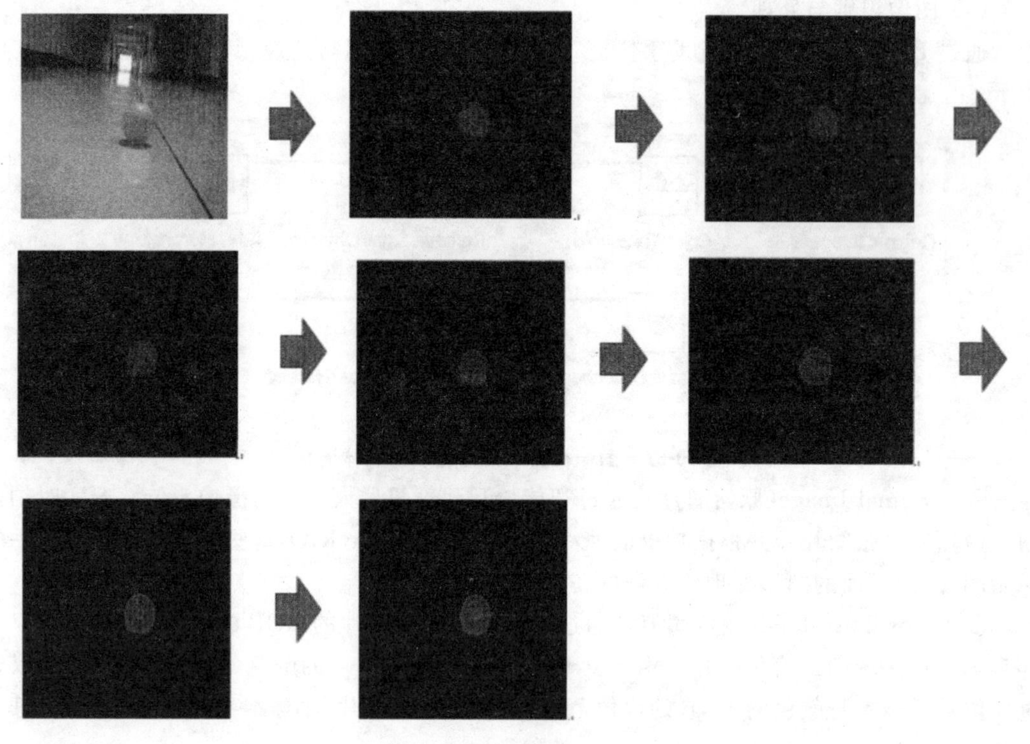

图 10-62　识别效果

10.8　爬楼梯小车

10.8.1　系统要求

利用 myRIO 控制器，完成小车的爬楼梯功能。

(1) 使用四个红外测距仪、myRIO 板载的加速度计传感器对小车所处的环境状态进行监控；

(2) 小车可以负重在平地上行走，驱动电动机控制小车运动；

(3) 识别前方障碍是楼梯还是墙面，实现爬楼梯功能；

(4) 消除重心改变对机器人运行的影响；

(5) 在没有人为干预的情况下，可实现机器人载物从一楼攀爬至二楼。

10.8.2　硬件构成

1. 轮胎

要使小车可以爬上楼梯，必须要选择合适的轮胎。受市场价格的限制，本项目选择自行加工的车轮作为后轮齿面轮，使用行星轮作为前轮辅助爬楼梯。

2. 车体

使用一块 550 mm×350 mm 的碳纤维板来做小车的底盘。

3. 直流无刷电动机及其驱动器

(1) 57BL 直流无刷电动机。

为了满足负重要求，经计算，选择的是 S57BL95-230 型号的直流无刷电动机，它的额定转矩是 0.33 N·m，输出功率为 105 W，大概可以满足 15 kg 的负重要求。

直流无刷电动机由永磁体转子、多级绕组定子、位置传感器等组成。位置传感器按转子位置的变化沿着一定次序对定子绕组的电流进行换流，定子绕组的工作电压由位置传感器输出控制的电子开关电路提供。电动机接线图如图 10-63 所示。

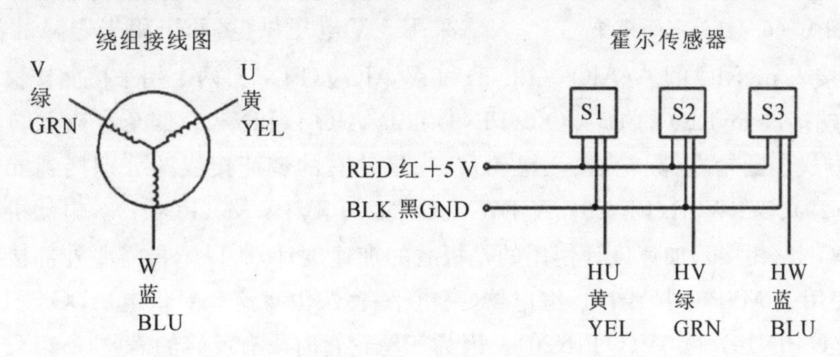

图 10-63　电动机接线图

(2) 电动机驱动器。

使用 BLD-120 直流无刷驱动器，该驱动器提供以下三种调速方式。

① 电位器直接调速：驱动器上装有电位器，可通过旋转电位器直接进行调速。

② 模拟电压调速：将外部电位器的两个固定端分别接于驱动器的控制信号端口的+5 V 和 COM 端，将调节端接于 SV 端即可使用外接电位器(10～100 kΩ)调速。

③ 可使用外部数字信号调速：在 SV 与 GND 之间可以施加幅值为 5 V，频率为 1～10 kHz的脉宽数字信号进行调速，电动机转速受其占空比线性调节。

(3) 电动机运行/停止控制(EN)。

通过控制端子 EN 相对于 COM 的通断可以控制电动机的运行和停止。当其与 COM 端子接通时电动机运行，反之电动机停止运行。电动机的驱动接线如图 10-64 所示。

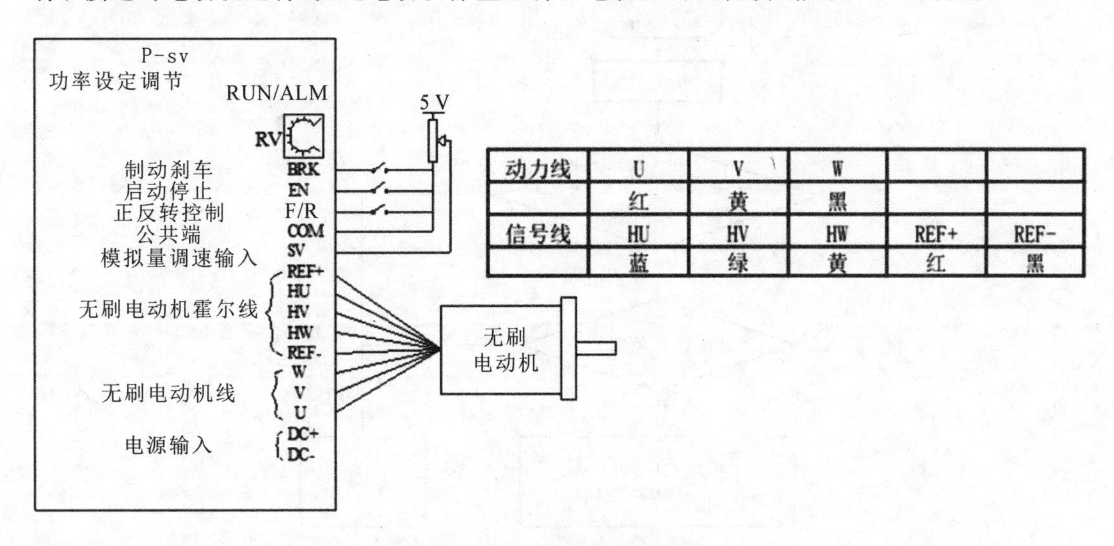

动力线	U	V	W		
	红	黄	黑		
信号线	HU	HV	HW	REF+	REF-
	蓝	绿	黄	红	黑

图 10-64　电动机的驱动接线

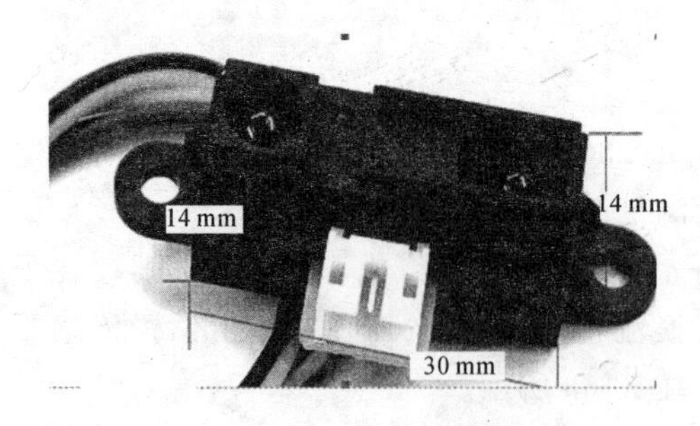

图 10-65　红外测距模块

(4) 红外测距模块。

红外测距模块(见图 10-65)承担着判断楼梯台阶的任务,使用的是 GP2Y0A21 测距传感器,其输出类型为模拟信号,电源电压为 4.5～5.5 V,检测的有效距离为 10～80 cm。

(5) myRIO 控制器。

四个红外传感器的型号都是 GP2Y0A21,都采用 5 V 电压供电,两个用来避障的传感器将其黄色接线端接入 myRIO 的 A/AIO 0(PIN3)和 A/AIO 1(PIN5);两个用来检测楼梯的传感器将其黄色接线端接入 myRIO 的 B/AIO 0(PIN3)和 B/AIO 1(PIN5)。四个直流无刷电动机使用 PWM 调速方式。圆轮左、圆轮右、三星轮左、三星轮右的调速接线端分别接到 myRIO 的 A/PWM1 (PIN29)、B/PWM1(PIN29)、A/PWM0(PIN27)、B/PWM0(PIN27)。电动机的公共端与 myRIO 的 DGND 相接。加速度计使用的是板载的加速度计,所以不再需要外部接线。继电器接线,主要使用了 MSP C 接线口。继电器(高电平有效)由直流 5 V 供电。DC+、DC-分别接入 C DGND(C PIN19) 和 5V(C PIN20)。因为三星轮暂时没有反转的需要,所以只对圆轮进行继电器控制。相应的两个模拟量接口和 A/AO1 (PIN4)、C/AO 0(PIN4)相接。

10.8.3　软件实现

系统通过 myRIO 自带的加速度传感器测出 X、Y、Z 三个方向的加速度,当小车爬楼梯时,加速度计中的 Y 轴的加速度会发生很明显的变化,一般会从 0 变化到 0.2 以上(上楼)或者-0.2 以下(下楼)。利用这一点,可实时比较 Y 轴加速度是否大于 0.2 或者小于-0.2,如果是,那么不管小车其他传感器返回什么样的数据都认为小车处于上楼或者下楼的状态。自动避障系统和其他小车的避障系统类似,使用两个红外测距仪来实现避障功能,通过将两个传感器返回的距离与安全距离进行比较,会有四种不同的情况,分别对应小车行进状态:前进、后退、左转、右转。小车控制流程图如图 10-66 所示。

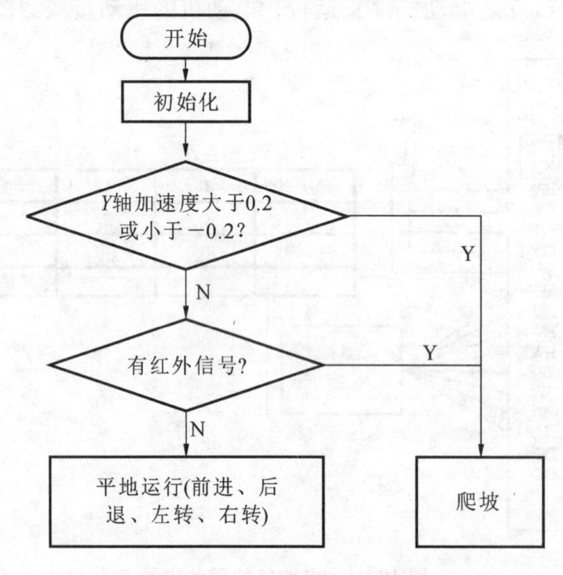

图 10-66　小车控制流程图

系统程序分为三个模块:加速度计模块、红外测距传感器模块、主函数模块。系统程序与三个模块类似于 C 语言的主函数与子函数的关系。中间使用部分局部变量进行数据传递。

1. 加速度计模块

一个 While 循环框图每 10 ms 循环一次,终止条件为 F,也就是说只要程序运行起来,那么 myRIO 就会一直读取三轴加速度,我们可以在任何时候读取某一个轴的加速度信息。加速度计模块的程序结构如图 10-67(a)所示。

2. 红外测距传感器模块

一个 While 循环框图里面有四个子 VI 用于输出测距的值。这个循环每 5 ms 循环一次。使用局部变量,我们可以在任何时候读取红外测距传感器测量的距离信息。红外测距模块的程序结构如图 10-67(b)所示。

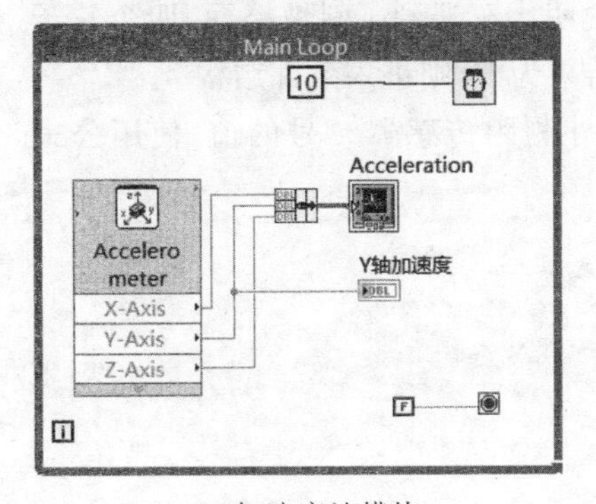

(a) 加速度计模块

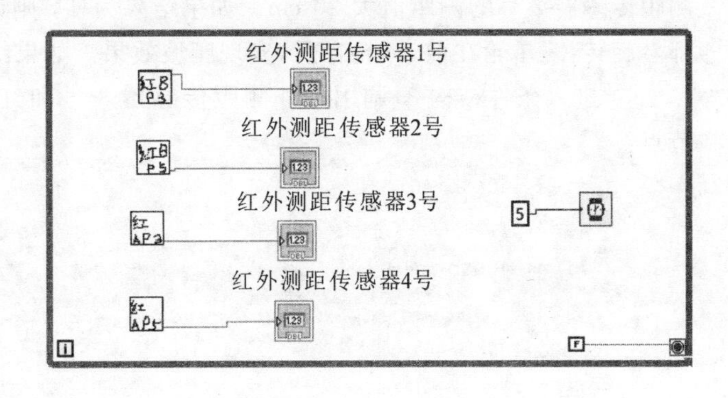

图 10-67　加速度计模块和红外测距模块的程序结构

3. 主函数模块

主函数模块的程序结构如图 10-68 所示。

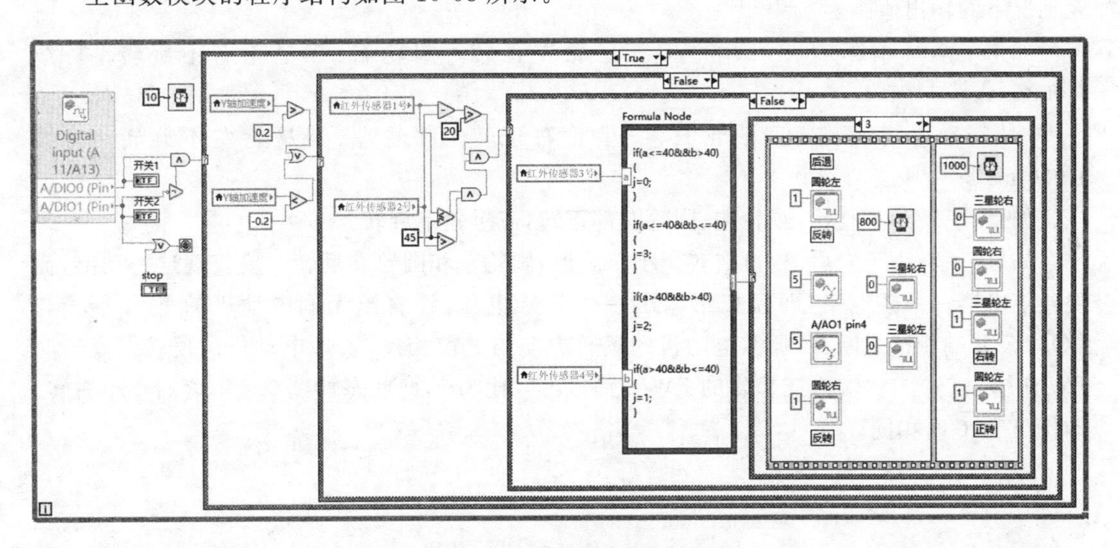

图 10-68　主函数模块的程序结构

① 首先是一个 While 循环,终止条件为前面板的 STOP 终止按钮和外部电路接入的按钮开关 2 按下。当按钮开关 2 或者前面板 STOP 终止按钮有任何一个被按下(或逻辑),循

环终止。按钮开关2接入myRIO的MXP A Digital input A/DIO(PIN11)。

② 外部电路接入按钮开关1,当按钮开关1被按下并且按钮开关2没有被按下的时候(逻辑与),程序进入条件结构1,开始去调取加速度传感器中Y轴的加速度值。如果此与逻辑的结果为F,则四个轮子的对应PWM输入占空比均为0,即转速为0,小车静止。按钮开关1接入myRIO的MXP A Digital input A/DIO1(PIN13)。

③ 如果调用Y轴加速度传感器的加速度值,判断其是否大于0.2或小于−0.2。如果这个或逻辑的结果为T,则说明小车遇到了斜坡路面,四个轮子都会旋转,三星轮在前,圆轮在后,实现爬坡效果。如果这个或逻辑结果为F,则调用红外传感器1号和红外传感器2号的测量值,进入条件结构2。

④ 如果调用用于避障的红外测距传感器1号和红外测距传感器2号的测量值,判断红外测距仪的测量距离值是否都小于45 cm,并且上端的红外测距传感器1号的测距值比红外测距传感器2号的测距值大20 cm。如果结果为T,则说明小车遇到了斜坡路面,四个轮子都会旋转,三星轮在前,圆轮在后,实现爬坡效果。如果结果为F,则进入条件结构3。

⑤ 进入条件结构3,调用红外测距传感器3号和红外测距传感器4号的值,使用公式节点:

```
if(a<=40&&b>40)
{j=0;}
if(a<=40&&b<=40)
{j=3;}
if(a>40&&b>40)
{j=2;}
if(a>40&&b<=40)
{j=1;}
```

其中a为红外测距传感器3号的输入值;b为红外测距传感器4号的输入值;j为不同避障测距情况下的输出值。

如果j=0:小车右转,圆轮左、三星轮左正转。圆轮右、三星轮右不旋转。持续1 000 ms。

如果j=1:小车左转,圆轮右、三星轮右正转。圆轮左、三星轮左不旋转。持续1 000 ms。

如果j=2:小车直行,圆轮左、圆轮右都正转,三星轮不旋转。

如果j=3:小车先后退,再右转。小车后退,圆轮左和圆轮右反转。要实现这一功能,需要给继电器一个高电平,即模拟量输出一个5 V电压,让直流无刷电动机的F/R端子与COM公共端相接或断开,那么电动机的运转方向与之前相反,实现电动机的反转。反转时PWM输出仍为1。输入三星轮的PWM信号占空比为0,此状态持续0.8 s,之后小车右转,动作与j=0时相同。

附录A　NI myRIO-1900 规格参数

以下规格参数是在 0～40℃ 温度范围测得的，另有注明的除外。

1. 处理器

处理器类型…………………………………………………… Xilinx z-7010

处理器速度 …………………………………………………… 667 MHz

处理器核心 …………………………………………………… 2

2. 内存

非易失存储器 ………………………………………………… 512 MB

DDR3 内存 …………………………………………………… 256 MB

DDR3 时钟频率 ……………………………………………… 533 MHz

DDR3 数据总线宽度 ………………………………………… 16 位

3. FPGA

FPGA 类型…………………………………………………… Xilinx z-7010

4. 无线特性

广播模式……………………………………………… IEEE 802.11 b,g,n

频带 ………………………………………………………… ISM 2.4 GHz

通道宽度……………………………………………………… 20 MHz

渠道 ……………………………………………… 美国 1∶11，国际 1∶13

发射功率 ……………………………………………… ＋10 dbm max (10 mW)

户外 ………………………………………………… 范围可达 150 m(视线)

天线方向性 …………………………………………………… 全向

5. USB 接口

USB 主机端口 ……………………………………………… USB 2.0 的高速

USB 设备端口 ……………………………………………… USB 2.0 的高速

6. 模拟输入

总采样率……………………………………………………… 500 kHz

分辨率 ………………………………………………………… 12 位

过压保护 ……………………………………………………… ±16 V

7. MXP 连接器

配置 ……………………………………………… 每个连接器有四个单端通道

输入阻抗 ……………………………………………… 1 MΩ(电源开和闲置时)

……………………………………………………………………… 4.7 kΩ(电源关时)
推荐的电源阻抗 ………………………………………………………… 3 kΩ 或更小
标称范围 ……………………………………………………………………… 0～5 V
绝对精度 …………………………………………………………………… ±50 mV
带宽 …………………………………………………………………………… > 300 kHz

8. MSP 连接器

配置 ………………………………………………………………………… 两个微分频道
输入阻抗 ……………………………………………………… 高达 100 nA(电源开时)
……………………………………………………………………… 4.7 kΩ(电源关时)
标称范围 ……………………………………………………………………… ±10 V
工作电压(信号＋共同模式)……………………………………………… AGND/±10 V
绝对精度 …………………………………………………………………… ±200 mV
带宽 ……………………………………………………… 最小 20 kHz,典型的>50 kHz

9. 音频输入

配置 …………………………………………… 一个由两个 AC 耦合的立体声输入,单端通道
输入阻抗 ……………………………………………………………………… 10 kΩ 直流
标称范围……………………………………………………………………… ±2.5 V
带宽 ……………………………………………………………………… 2 Hz～20 kHz

10. 模拟输出

(1) 总最大更新速率
MXP 连接器上的所有 AO 通道 ………………………………………………… 345 kb/s
所有 AO 通道上的 MSP 连接器和音频输出通道 ……………………………… 345 kb/s
分辨率 ………………………………………………………………………………… 12 位
过载保护 ……………………………………………………………………………… ±16 V
启动电压 ………………………………………………………………… FPGA 初始化后 0 V
(2) MXP 连接器
配置 ……………………………………………………………… 每个连接器有两个单端通道
范围 …………………………………………………………………………………… 0～＋5
绝对精度 ……………………………………………………………………………… 50 mV
当前驱动器 ……………………………………………………………………………… 3 mA
转换速率 …………………………………………………………………………… 0.3 V /μs
(3) MSP 连接器
配置 ………………………………………………………………………… 两个单端频道
范围 …………………………………………………………………………………… ±10 V
绝对精度 ……………………………………………………………………………… ±200 mV
当前驱动器 ……………………………………………………………………………… 2 mV
转换速率 …………………………………………………………………………………… 2 V /μs
(4) 音频输出
配置 …………………………………………… 一个立体声输出组成两个 AC 耦合的单端信道
输出阻抗 ……………………………………………………………… 100 Ω 与 22 μF 系列

带宽 …… 70 Hz～>50 kHz(32 Ω 负载)
…… 2 Hz～>50 kHz(高阻抗负载)

11. 数字 I/O

行数

MXP 连接器 …… 2 个端口,每个端口 16 个 DIO(每个连接器一个端口)
1 个 UART. RX 和一个 UART. TX(每个连接器)

MSP 连接器 …… 1 个端口,8 个 DIO

方向控制 …… 每个 DIO 可单独编程作为输入或输出

逻辑电平 …… 5 V 兼容 LVTTL 输入;3.3 V LVTTL 输出

12. 输入逻辑水平

输入低电压 …… 最小 0 V;最大 0.8 V

输入高电压 …… 最小 2.0 V;最大 5.25 V

13. 输出逻辑水平

输出高电压,VOH(4 mA) …… 最小 2.4 V;最大 3.465 V

输出低电压,VOL(4 mA) …… 最小 0 V;最大 0.4 V

最小脉冲宽度 …… 20 ns

第二数字功能的最大频率

SPI …… 4 MHz

PWM …… 100 kHz

正交编码器输入 …… 100 kHz

I2C …… 400 kHz

UART

最大传输速率 …… 230 400 b/s

数据位 …… 5、6、7、8

停止位 …… 1、2

校验 …… 奇数、偶数、标志位、空格

流控制 …… XON/XOFF

加速度计

轴的数量 …… 3

范围 …… ±8 g

分辨率 …… 12 位

采样率 …… 800 S/s

噪声 …… 3.9 mgrms(25℃)

电源输出

+5 V 输出

输出电压 …… 4.75～5.25 V

每个连接器上的最大电流 …… 100 mA

+3.3 V 输出

输出电压 …… 3.0～3.6 V

每个连接器上的最大电流 …… 150 mA

+15 V输出

输出电压 …… +15～+16 V

最大电流 …… 32 mA(启动时16 mA)

−15 V电源输出

输出电压 …… −15～−16 V

最大电流 …… 32 mA(启动时16 mA)

最大合并功率(+15～−15 V电源输出) …… 500 mW

14. 功率要求

NI myRIO-1900需要连接电源到电源连接器上。

电源电压范围 …… 6～16 V DC

最大功耗 …… 14 W

典型的闲置能耗 …… 2.6 W

附录B　LCD1602 接口技术及工作原理

字符型液晶是一种专门用来显示字母、数字、符号等的点阵型液晶模块。它由若干个5×7或者5×11等点阵字符位组成，每个点阵字符位都可以显示一个字符，每位之间有一个点距的间隔，每行之间也有间隔，起到了字符间距和行间距的作用，正因为如此所以它不能很好地显示图形。LCD1602是指显示的内容尺寸为16×2，即可以显示两行，每行16个字符的液晶模块(显示字符和数字)。

市面上字符液晶大多数是基于HD44780液晶芯片的，控制原理完全相同。

1. LCD1602 管脚功能

LCD1602采用标准的16脚接口，如附图B-1所示，引脚功能见附表B-1。

附图 B-1　LCD1602 引脚

附表 B-1　LCD1602 引脚功能

引脚	功能	说明
1:GND	电源地	接地
2:VCC	电源正极	接+5 V
3:VL	对比度调整端	对比度过高时会产生“鬼影”，使用时可以通过一个10 Ω的电位器调整对比度
4:RS	寄存器选择端	高电平1时选择数据寄存器，低电平0时选择指令寄存器
5:RW	读写信号线	高电平1时进行读操作，低电平(0)时进行写操作
6:E(或 EN)	使能(enable)端	高电平1时读取信息，负跳变时执行指令
7～14:D0～D7	8位双向数据端	
15:BL+	背光正极	
16:BL−	背光负极	

2. LCD1602 **的特征**

LCD1602 的特征如下：

① 3.3 V 或 5 V 工作电压，对比度可调；

② 内含复位电路；

③ 提供各种控制命令，如清屏、字符闪烁、光标闪烁、显示移位等；

④ 有 80 字节显示数据存储器 DDRAM；

⑤ 内有 192 个 5×7 点阵的字符发生存储器 CGROM；

⑥ 有 8 个可由用户自定义的 5×7 的字符发生存储器 CGRAM。

3. 字符集

LCD1602 内部的字符发生存储器(CGROM)存储了 160 个不同的点阵字符图形，这些字符有阿拉伯数字、大小写的英文字母、常用的符号和日文假名等，每一个字符都有一个固定的代码，比如大写的英文字母“A”的代码是 01000001B(41H)，显示时模块把地址 41H 中的点阵字符图形显示出来，我们就能看到字母“A”。

字符代码 0x00～0x0F 为用户自定义的字符图形 RAM，就是 CGRAM 了。0x20～0x7F 为标准的 ASCII 码，0xA0～0xFF 为日文字符和希腊文字符，其余字符码(0x10～0x1F 及 0x80～0x9F)没有定义。

附图 B-2 是 LCD 1602 的 CGROM 中字符码与字符字模关系对照图：读的时候，先读上面那行，再读左边那列，如：感叹号“!”的 ASCII 为 0x21，字母 B 的 ASCII 为 0x42(前面加 0x 表示十六进制)。

↵	0000	0001	0010	0011	0100	0101	0110	0111	1000	1001	1010	1011	1100	1101	1110	1111
xxxx0000	CG RAM (1)			0	@	P	`	p				ー	タ	ミ	α	p
xxxx0001	(2)		!	1	A	Q	a	q			。	ア	チ	ム	ä	q
xxxx0010	(3)		"	2	B	R	b	r			「	イ	ツ	メ	β	θ
xxxx0011	(4)		#	3	C	S	c	s			」	ウ	テ	モ	ε	∞
xxxx0100	(5)		$	4	D	T	d	t			、	エ	ト	ヤ	μ	Ω
xxxx0101	(6)		%	5	E	U	e	u			・	オ	ナ	ユ	σ	ü
xxxx0110	(7)		&	6	F	V	f	v			ヲ	カ	ニ	ヨ	ρ	Σ
xxxx0111	(8)		'	7	G	W	g	w			ァ	キ	ヌ	ラ	g	π
xxxx1000	(1)		(	8	H	X	h	x			ィ	ク	ネ	リ	√	x̄
xxxx1001	(2)		)	9	I	Y	i	y			ゥ	ケ	ノ	ル	⁻¹	y
xxxx1010	(3)		*	:	J	Z	j	z			ェ	コ	ハ	レ	j	千
xxxx1011	(4)		+	;	K	[	k	{			ォ	サ	ヒ	ロ	ˣ	万
xxxx1100	(5)		,	<	L	¥	l	|			ャ	シ	フ	ワ	¢	円
xxxx1101	(6)		-	=	M	]	m	}			ュ	ス	ヘ	ン	£	÷
xxxx1110	(7)		.	>	N	^	n	→			ョ	セ	ホ	゛	ñ	
xxxx1111	(8)		/	?	O	_	o	←			ッ	ソ	マ	゜	ö	█

附图 B-2　CGROM 中字符码与字符字模关系对照图

4. LCD1602 **的指令说明及时序**

LCD1602 内部的控制器共有 11 条控制指令，如附表 2-2 所示。

附表 2-2　LCD1602 控制指令

序号	指令	RS	R/W	D7	D6	D5	D4	D3	D2	D1	D0
1	清显示	0	0	0	0	0	0	0	0	0	1
2	光标返回	0	0	0	0	0	0	0	0	1	*
3	光标和显示模式设置	0	0	0	0	0	0	0	1	I/D	S
4	显示开/关控制	0	0	0	0	0	0	1	D	C	B
5	光标或显示移位	0	0	0	0	0	1	S/C	R/L	*	*
6	功能设置	0	0	0	0	1	DL	N	F	*	*
7	字符发生存储器地址设置	0	0	0	1	字符发生存储器地址					
8	数据存储器地址设置	0	0	1	显示数据存储器地址						
9	读忙标志或光标地址	0	1	BF	计数器地址						
10	写数到 CGRAM 或 DDRAM	1	0	要写的数据内容							
11	从 CGRAM 或 DDRAM 读数	1	1	读出的数据内容							

LCD1602 的读写操作、屏幕和光标的操作都是通过指令编程来实现的。（说明：1 为高电平，0 为低电平）

指令 1：清显示，指令码 01H，光标复位到地址 00H 位置。

指令 2：光标返回，光标返回到地址 00H。

指令 3：光标和显示模式设置。I/D：光标移动方向，高电平右移，低电平左移。S：屏幕上所有文字是否左移或者右移。高电平表示有效，低电平则无效。

指令 4：显示开/关控制。D：控制整体显示的开与关，高电平表示开显示，低电平表示关显示。C：控制光标的开与关，高电平表示有光标，低电平表示无光标。B：控制光标是否闪烁，高电平闪烁，低电平不闪烁。

指令 5：光标或显示移位。S/C：高电平时移动显示的文字，低电平时移动光标。

指令 6：功能设置。DL：高电平时为 4 位总线，低电平时为 8 位总线。N：低电平时为单行显示，高电平时双行显示。F：低电平时显示 5×7 的点阵字符，高电平时显示 5×10 的点阵字符。

指令 7：字符发生存储器地址设置。

指令 8：数据存储器地址设置。

指令 9：读忙信号和光标地址。BF：为忙标志位，高电平表示忙，此时模块不能接收命令或者数据，如果为低电平表示不忙。

指令 10：写数据。

指令 11：读数据。

字符显示器本身的功能独立于所选的通信标准。仅仅是发送 ASCII 字符给显示器的 UART 接收端让它们出现在显示屏上。使用转义字符来设定其他方面的显示，例如光标引导、显示、闪烁、滚动等。

附录C　I2C 总线工作原理

I2C 总线是由 Philips 公司开发的一种简单、双向二线制同步串行总线，用于连接微控制器及其外围设备，它只需要两条线即可在连接于总线上的器件之间传送信息。

1. 总线特征

(1) 要求两条总线线路：一条串行数据线 SDA，一条串行时钟线 SCL。

SCL：上升沿将数据输入每个 EEPROM 器件中；下降沿驱动 EEPROM 器件输出数据。(边沿触发)

SDA：双向数据线，为 OD 门，与其他任意数量的 OD 与 OC 门成“线与”关系。

(2) 每个连接到总线的器件都可以通过唯一的地址和一直存在的简单的主机/从机关系软件设定地址，主机可以作为主机发送器或主机接收器。

(3) 它是一个真正的多主机总线，如果两个或更多主机同时初始化，数据传输可以通过冲突检测和仲裁防止数据被破坏。

(4) 串行的 8 位双向数据传输位速率在标准模式下可达 100 kb/s，快速模式下可达 400 kb/s，高速模式下可达 3.4 Mb/s。

(5) 连接到相同总线的 IC 数量只受总线的最大电容 400 pF 限制。

2. I2C 总线的输出极

I2C 总线接口内部结构如附图 C-1 所示。

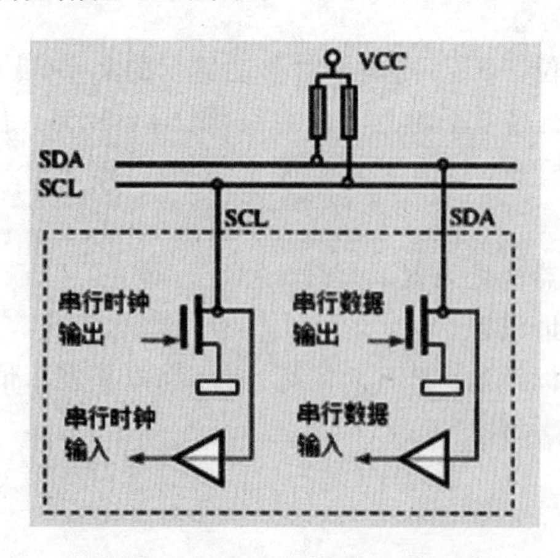

附图 C-1　I2C 总线接口内部结构

每一个 I2C 总线器件内部的 SDA、SCL 引脚电路结构都是一样的，引脚的输出驱动与输入缓冲连在一起。其中输出为漏极开路(OD)的场效应管，输入缓冲为一只高输入阻抗的同相器，这种电路具有两个特点：

(1) 由于SDA、SCL为漏极开路结构，因此它们必须接有上拉电阻，阻值的大小常为1.8 kΩ、4.7 kΩ和10 kΩ，但1.8 kΩ时性能最好；当总线空闲时，两条线均为高电平。连到总线上的任一器件输出的低电平，都将使总线的信号变低，即各器件的SDA及SCL都是“线与”关系。

(2) 引脚在输出信号的同时还将对引脚上的电平进行检测，检测是否与刚才输出一致，为“时钟同步”和“总线仲裁”提供了硬件基础。

3. 主控器与被控器

系统中的所有外围器件都具有一个7位的单总线器件专用地址码，其中高4位为器件类型，由生产厂家制定，低3位为器件引脚定义地址，由使用者定义。主控器通过地址码建立多机通信的机制，因此I2C总线省去了外围器件的片选线，这样无论总线上挂接多少个器件，其系统仍然为简约的二线结构。终端挂载在总线上，有主端和从端之分，主端必须是带有CPU的逻辑模块，在同一总线上同一时刻使能有一个主端，可以有多个从端，从端的数量受地址空间和总线的最大电容400 pF的限制。

主端主要用来驱动SCL接线端，被控器对主控制产生响应，二者都可以传输数据，但是被控器不能发起传输，且传输是受到主控器控制的。

I2C总线的系统结构如附图C-2所示。

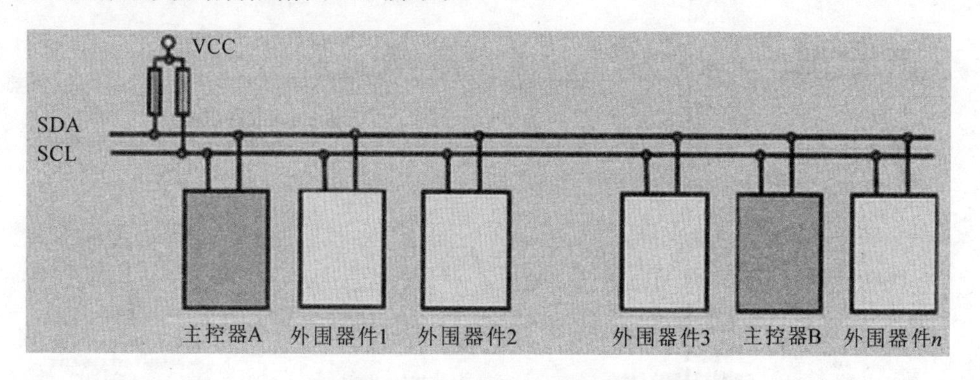

附图C-2　I2C总线的系统结构

4. 通信协议

1) 空闲状态

I2C总线的SDA和SCL两条信号线同时处于高电平时的状态，规定为总线的空闲状态。此时各个器件的输出极场效应管均处在截止状态，即释放总线，由两条信号线各自的上拉电阻把电平拉高。

2) 起始位与停止位的定义

I2C总线的起始信号和停止信号如附图C-3所示。

起始信号：SCL为高期间，SDA由高到低跳变；启动信号是一种电平跳变时序信号，而不是一个电平信号。

停止信号：SCL为高期间，SDA由低到高跳变；停止信号也是一种电平跳变时序信号，而不是一个电平信号。

3) ACK(应答位)

I2C总线的响应如附图C-4所示。发送器每发送一个字节，就在时钟脉冲9期间释放SDA线，由接收器反馈一个应答信号。应答信号为低电平时，规定为有效应答位(ACK简称应答

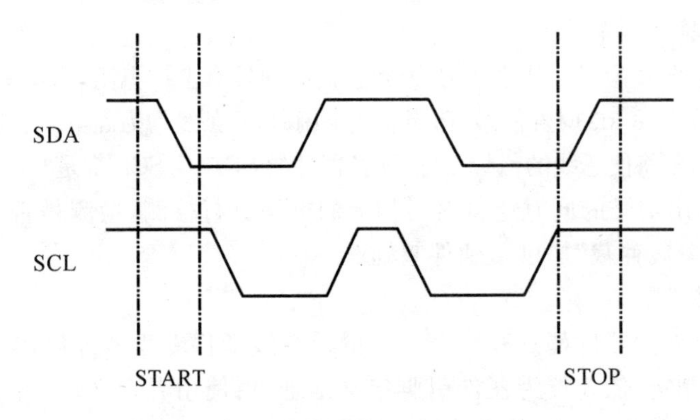

附图 C-3　I2C 总线的起始信号和停止信号

位)，表示接收器已经成功地接收了该字节；应答信号为高电平时，规定为非应答位(NACK)，一般表示接收器接收该字节没有成功。对于反馈有效应答位的要求是，接收器在第 9 个时钟脉冲之前的低电平期间将 SDA 线拉低，并且确保在该时钟的高电平期间为稳定的低电平。如果接收器是主设备，则在它收到最后一个字节后，发送一个 NACK 信号，以通知被控发送器结束数据发送，并释放 SDA 线，以便主控器接收器发送一个停止信号 P。

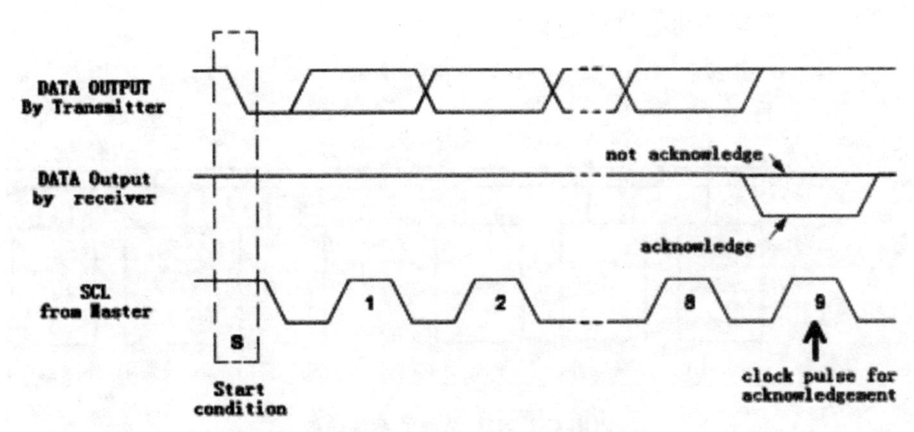

附图 C-4　I2C 总线的响应

4）数据的有效性

I2C 总线进行数据传送时，时钟信号为高电平期间，数据线上的数据必须保持稳定，只有在时钟线上的信号为低电平期间，数据线上的高电平或低电平状态才允许变化。其数据的有效性如附图 C-5 所示。

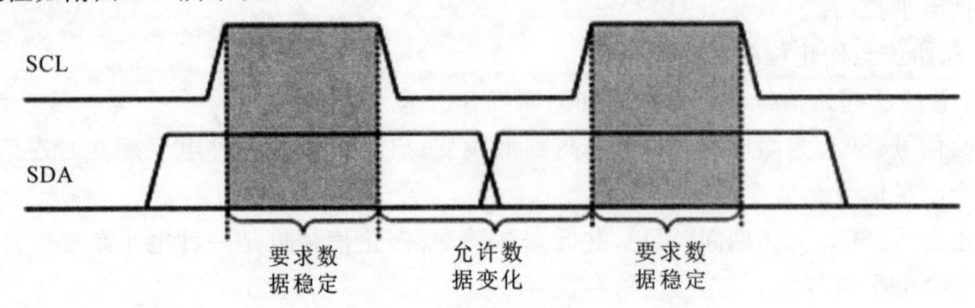

附图 C-5　数据的有效性

5）数据的传送

在 I2C 总线上传送的每一位数据都有一个时钟脉冲与之相对应(或同步控制)，即在

SCL串行时钟的配合下，在SDA上逐位地串行传送每一位数据。数据位的传输是边沿触发。

5. I2C通信工作过程

总线上的所有通信都是由主控器引发的。在一次通信中，主控器与被控器总是在扮演着两种不同的角色。

1）主控器向被控器发送数据

主控器发送起始位，通知总线上的所有设备传输开始，接下来主机发送设备地址，与这一地址匹配的被控器将继续这一传输过程，而其他被控器将会忽略接下来的传输并等待下一次传输的开始。主机寻址到从机后，发送它所要读取或写入的从机的内部寄存器地址；之后，发送数据。数据发送完毕后，发送停止位。

写入过程如下：

（1）发送起始位。发送从机的地址和读/写选择位；释放总线，等到EEPROM拉低总线进行应答；如果EEPROM接收成功，则进行应答；如果没有接收成功或者发送的数据错误，则EEPROM不产生应答，此时要求重发或者终止。

（2）发送想要写入的内部寄存器地址，EEPROM对其发出应答。

（3）发送数据。

（4）发送停止位。

EEPROM收到停止信号后，进入一个内部的写入周期，大概需要10 ms，此间任何操作都不会被EEPROM响应。因此这种方式的两次写入之间要插入一个延时（见附图C-6），否则会导致失败。

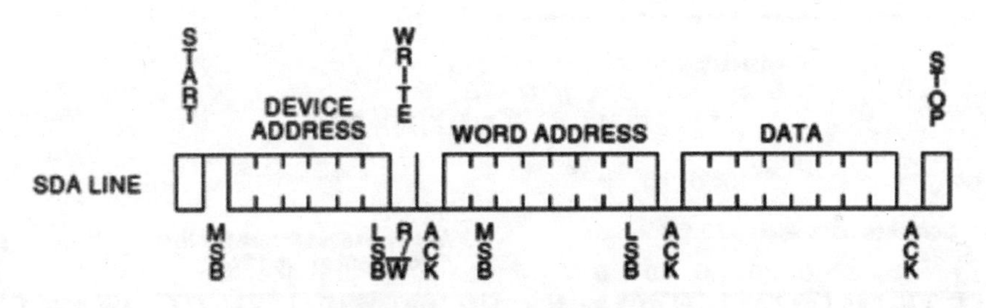

附图C-6　写入数据时序图

主控器发送一个字节数据的时序图如附图C-7所示。

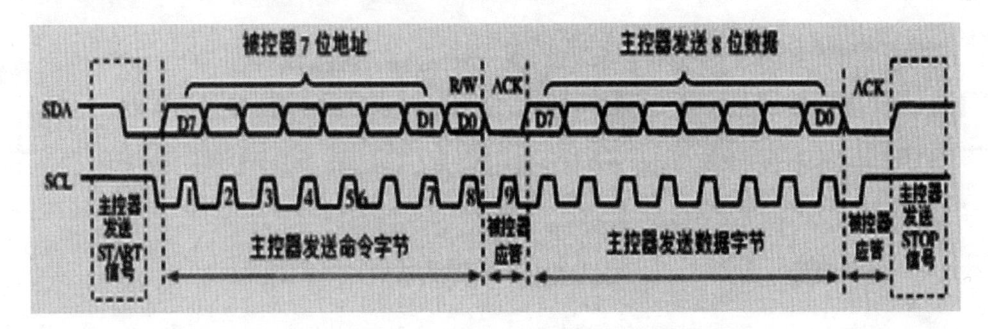

附图C-7　主控器发送一个字节数据的时序图

需要说明的是：主控器通过发送地址码与对应的被控器建立通信关系，而挂接在总线上的其他被控器虽然同时也收到了地址码，但因为与其自身的地址不相符合，因此会提前退出与主控器的通信。

2）主控器读取数据的过程

读的过程比较复杂，在被控器读出数据前，必须先指定寄存器给被控器读取，因此必须先对被控器进行写入(dummy write)：

① 发送起始位；

② 发送被控器地址＋write bit set；

③ 发送内部寄存器地址；

④ 重新发送起始位，即 restart；

⑤ 重新发送被控器地址＋read bit set；

⑥ 读取数据；

⑦ 主机接收器在接收到最后一个字节后，也不会发出 ACK 信号，被控器发送器释放 SDA 线，以允许主机发出 P 信号结束传输；

⑧ 发送停止位。

主控器读取数据的时序图如附图 C-8 所示，按位读取的详细时序图如附图 C-9 所示。

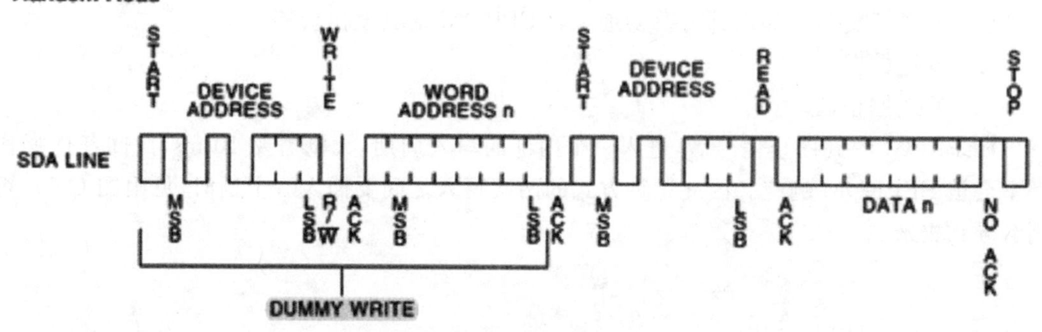

附图 C-8　读取数据时序图

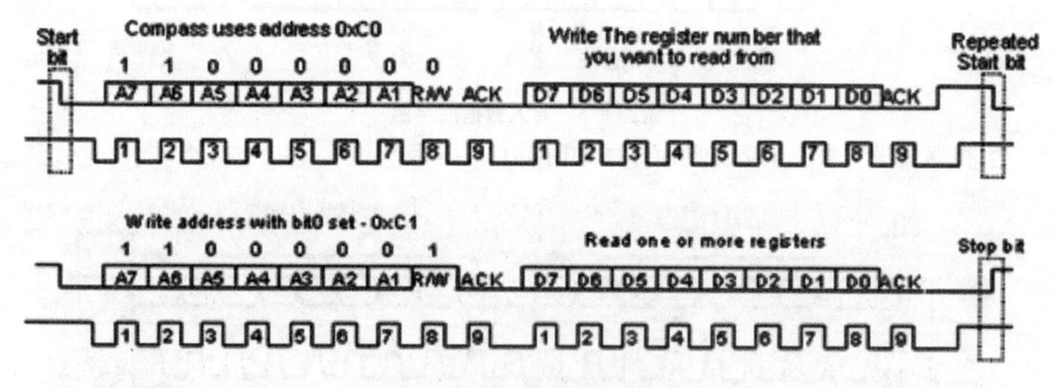

附图 C-9　按位读取时序图

附录D　SPI 总线

1. SPI 总线简介

SPI 接口意为串行外围接口，是由摩托罗拉公司首先在其 MC68HCXX 系列处理器上定义的。SPI 接口主要应用在 EEPROM、FLASH、实时时钟、AD 转换器，还有数字信号处理器和数字信号解码器之间。SPI 接口内部硬件如附图 D-1 所示。

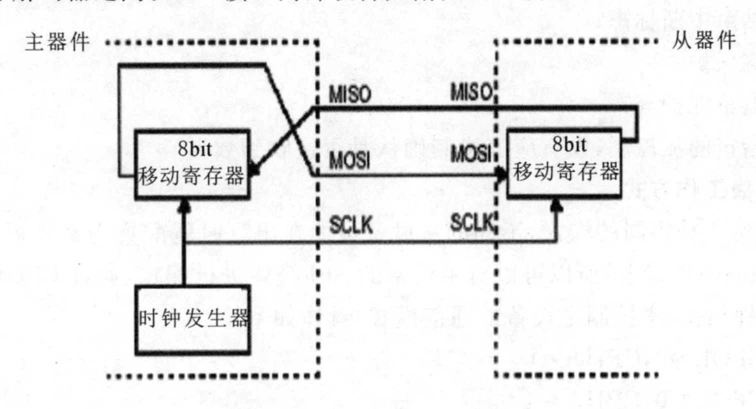

附图 D-1　SPI 接口内部硬件

SPI 接口在 CPU 和外围低速器件之间进行同步串行数据传输，在主器件的移位脉冲下，数据按位传输，高位在前，低位在后，为全双工通信，数据传输速度总体来说比 I2C 总线要快，速度可达到 Mb/s 级。

SPI 接口是以主从方式工作的，这种方式通常有一个主器件和一个或多个单总线器件，其接口包括以下四种信号：

① MOSI　主器件数据输出，单总线器件数据输入。

② MISO　主器件数据输入，单总线器件数据输出。

③ SCLK　时钟信号，由主器件产生。

④ $\overline{\text{CS}}$　单总线器件使能信号，由主器件控制，低电平有效。

当 SPI 工作时，在移位寄存器中的数据逐位从输出引脚(MOSI)输出(高位在前)，同时从输入引脚(MISO)接收的数据逐位移到移位寄存器(高位在前)。发送一个字节后，从另一个外围器件接收的字节数据进入移位寄存器中。即完成一个字节数据传输的实质是两个器件寄存器内容的交换。

主 SPI 的时钟信号(SCK)使传输同步。典型 SPI 总线系统框图如附图 D-2 所示。

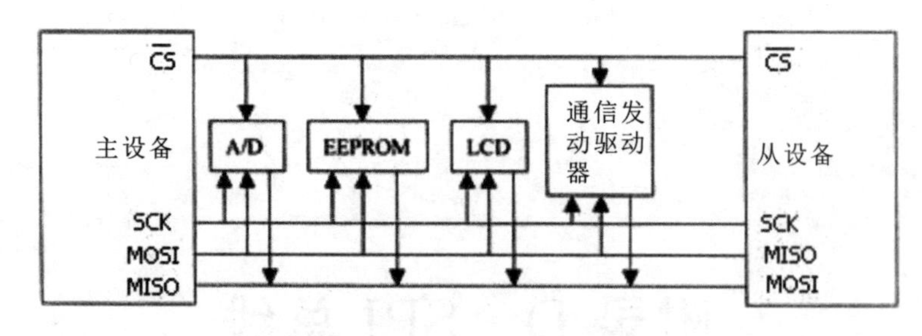

附图 D-2　SPI 总线系统框图

2. SPI 总线主要特点

① 在点对点的通信中，SPI 接口不需要进行寻址操作，且为全双工通信，简单高效；

② 在多个单总线器件的系统中，每个单总线器件需要独立的使能信号，硬件比 I2C 系统要稍微复杂一些；

③ 可以当作主机或从机工作；

④ 提供频率可编程时钟；

⑤ 发送结束中断标志；

⑥ 写冲突保护；

⑦ 总线竞争保护等；

⑧ 没有指定的流控制，没有应答机制确认是否接收到数据。

3. SPI 总线工作方式

SPI 通信有 4 种不同的模式，不同的从设备可能在出厂时就配置为某种模式；但通信双方必须工作在同一模式下，所以可以对主设备的 SPI 模式进行配置，通过 CPOL(时钟极性)和 CPHA(时钟相位)来控制主设备的通信模式，具体如下：

Mode0：CPOL＝0，CPHA＝0

Mode1：CPOL＝0，CPHA＝1

Mode2：CPOL＝1，CPHA＝0

Mode3：CPOL＝1，CPHA＝1

其中：CPOL 表示时钟极性选择，为 0 时 SPI 总线空闲为低电平，为 1 时 SPI 总线空闲为高电平；

CPHA 表示时钟相位选择，为 0 时在 SCK 第一个跳变沿采样，为 1 时在 SCK 第二个跳变沿采样。

四种工作方式时序如下。

SPI Mode0 的数据/时钟时序图如附图 D-3 所示。

当 CPHA＝0、CPOL＝0 时 SPI 总线工作在方式 0。MISO 引脚上的数据在第一个 SCK 沿跳变之前已经上线了，而为了保证正确传输，MOSI 引脚的 MSB 必须与 SCK 的第一个边沿同步，在 SPI 传输过程中，首先将数据上线，然后在同步时钟信号的上升沿时，SPI 的接收方捕捉位信号，在时钟信号的一个周期结束时(下降沿)，下一位数据信号上线，再重复上述过程，直到一个字节的 8 位信号传输结束。

SPI Mode1 的数据/时钟时序图如附图 D-4 所示。

当 CPHA＝0、CPOL＝1 时 SPI 总线工作在方式 1。与前者唯一不同之处只是在同步时钟信号的下降沿时捕捉位信号，上升沿时下一位数据上线。

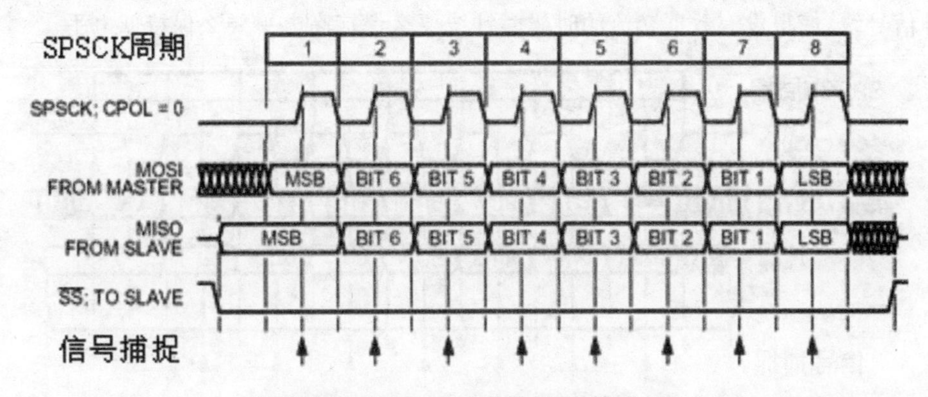

附图 D-3　SPI Mode 0 的数据/时钟时序图

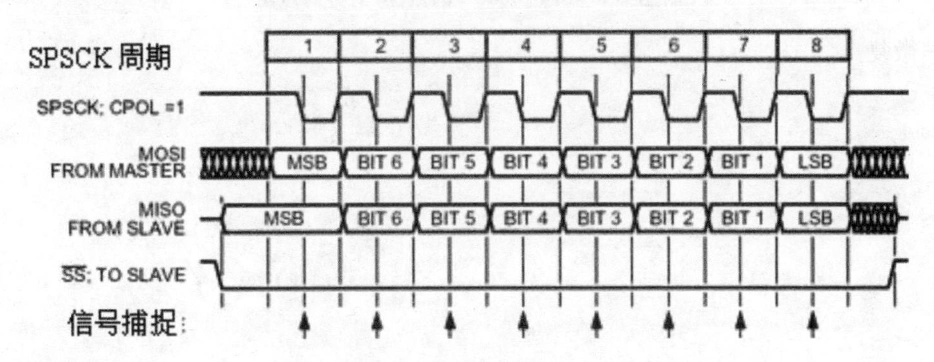

附图 D-4　SPI Mode 1 的数据/时钟时序图

SPI Mode 2 的数据/时钟时序图如附图 D-5 所示。

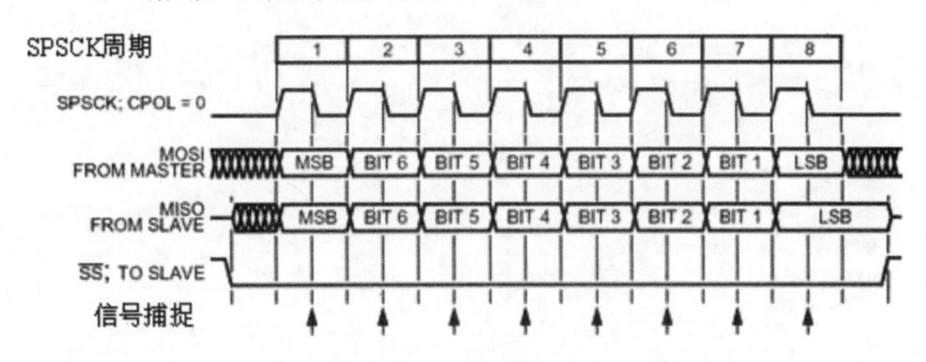

附图 D-5　SPI Mode 2 的数据/时钟时序图

当 CPHA＝1、CPOL＝0 时 SPI 总线工作在方式 2。MISO 引脚和 MOSI 引脚上的数据的 MSB 必须与 SPSCK 的第一个边沿同步，在 SPI 传输过程中，在同步时钟信号周期开始时（上升沿）数据上线，然后在同步时钟信号的下降沿时，SPI 的接收方捕捉位信号，在时钟信号的一个周期结束时（上升沿），下一位数据信号上线，再重复上述过程，直到一个字节的 8 位信号传输结束。

SPI Mode 3 的数据/时钟时序图如附图 D-6 所示。

当 CPHA＝1、CPOL＝1 时 SPI 总线工作在方式 3。与工作方式 2 不同之处只是在同步时钟信号的上升沿时捕捉位信号，下降沿时下一位数据上线。

需要注意的是：主设备能够控制时钟，因为 SPI 通信并不像 UART 或者 I2C 通信那样有专门的通信周期、专门的通信起始信号、专门的通信结束信号，所以 SPI 协议能够通过控制时钟信号线，使得没有数据交流的时候时钟线要么保持高电平要么保持低电平。

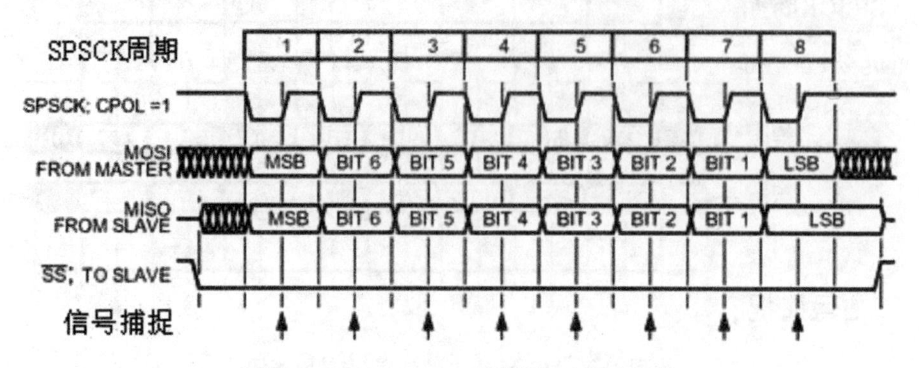

附图 D-6　SPI Mode 3 的数据/时钟时序图

附录E 认识电阻

电阻器的种类繁多,但其功能都一样。常用的电阻器有碳膜电阻器、金属膜电阻器、金属氧化膜电阻器、玻璃釉电阻器、合成碳膜电阻器、线绕电阻器、排电阻器等。

1. 电阻器的标称阻值、误差

标称值器是指电阻器表面所标注的电阻值。它是根据国家制定的标准系列来标注的,而不是生产者随意添加的。之所以要规定标称系列值,是为了在满足实际需要的同时,减少规格的数量,达到节省资源和便于管理的目的。在电路设计时,电阻器阻值的选择必须在国家规定的范围之内。

由于生产水平与工艺的差异,电阻器的实际阻值与标称阻值之间不可避免存在一定的误差,这种误差称为电阻器的允许误差。国家规定误差等级有三级。常用的阻值系列分三类:E24、E12、E6。其中E24的允许误差为±5%,误差等级为I级,是这三个系列产品中最好的。E12的允许误差是±10%,E6的允许误差是±20%,而精密电阻器的允许误差则为±1%、±0.5%,允许误差越小,则电阻器的精度等级越高。具体如下。

E24(误差±5%):1.0,1.1,1.2,1.3,1.5,1.6,1.8,2.0,2.2,2.4,2.7,3.0,3.3,3.6,3.9,4.3,4.7,5.1,5.6,6.2,6.8,7.5,8.2,9.1。

E12(误差±10%):1.0,1.2,1.5,1.8,2.2,3.0,3.9,4.7,5.6,6.8,8.2。

E6(误差±20%):1.0,1.5,2.2,3.3,4.7,6.8。

标称值可以乘以10、100、1000,比如1.0这个标称值,就有1 Ω、10 Ω、100 Ω、1 kΩ、10 kΩ、100 kΩ。

2. 电阻器的标称功率

标称功率可解释为有电流流经电阻器时,电阻器散发热量并消耗的功率。而电阻器一旦发热,其阻值会发生微小变化,若电流过大,则电阻器会严重发烫、烧焦甚至损坏。为了衡量电阻器的散热情况,人们引入了电阻器的耐热功率、额定功率、标称功率等概念。额定功率$P=I\times U=I^2R=U^2/R$。常见标称功率有1/16 W、1/8 W、1/4 W、1/2 W、1 W、2 W、5 W、10 W、15 W、25 W等。在电子电路中,小信号的电路通常采用1/8 W电阻器,在微电子产品中则常使用1/16 W电阻器或贴片式电阻器。实际选用电阻器时,也要根据该电阻器在电路中的作用等系列功能来留有一定的功率余量,即电阻器的标称功率应不小于它在电路中实际功率的2倍。例如,实际功率为1/4 W,则应选择1/2 W的电阻器。实际功率为2 W,则应选用5 W电阻器。这样可避免电阻器过热而引起的阻值变化或烧毁事故。

3. 电阻器的阻值标注法

电阻器阻值标注通常有直标表示法、文字符号法、色环标注法及数码标示法4种。下面介绍直标表示法与色环标注法。

1）直标表示法

直标表示法是将电阻器的类别及主要技术参数的数值直接标注在电阻器表面上的一种方法，如附图 E-1 所示。通常用 3 位阿拉伯数字来标注片状电阻器的阻值，其中第 1 位数代表阻值的第 1 位有效数字；第 2 位数代表阻值的第二位有效数字；第 3 位数代表阻值倍率，即阻值第 1、2 位有效数字之后 0 的个数。例如：203 代表 20 后的 3 个 0，即 20 000 Ω＝20 kΩ；471 表示 47 后面加 1 个 0，即 470 Ω；105 表示 1 MΩ；272 表示 2.7 kΩ。对于带小数的欧姆级片状电阻器或 10 Ω 之内的整数值片状电阻器，也用 R 来代表 Ω。例如：1R2 表示 1.2 Ω；4R7 表示 4.7 Ω；R33 表示 0.33 Ω。

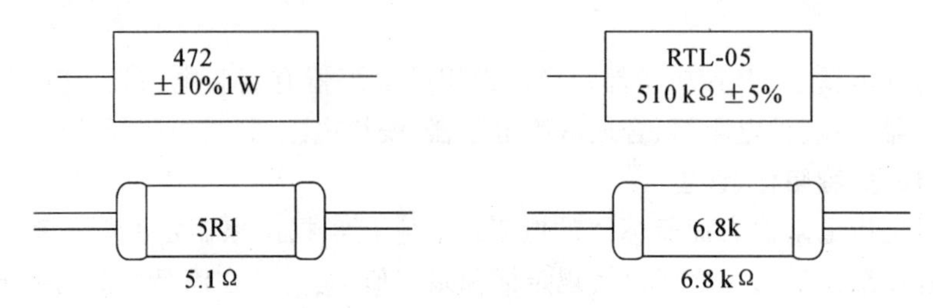

附图 E-1　电阻值直标表示法

2）色环标注法

色环标注法是将电阻器类别及主要技术参数的数值用颜色（色环或色点）标注在它的表面的方法，如附图 E-2 所示。常用的色环所代表的数值为棕 1、红 2、橙 3、黄 4、绿 5、蓝 6、紫 7、灰 8、白 9、黑 0，其中色环有四色环和五色环。四色环电阻器就是指用四条色环表示阻值的电阻器，从左向右数，第一道色环表示阻值的最大一位数字；第二道色环表示阻值的第二位数字；第三道色环表示阻值倍乘的数；第四道色环表示阻值允许的偏差（精度）。五色环电阻就是指用五条色环表示阻值的电阻器，从左向右数，第一道色环表示阻值的最大一位数字；第二道色环表示阻值的第二位数字；第三道色环表示阻值的第三位数字；第四道色环表示阻值的倍乘数；第五道色环表示误差范围。

各种颜色表示的数值如附表 E-1 所示。

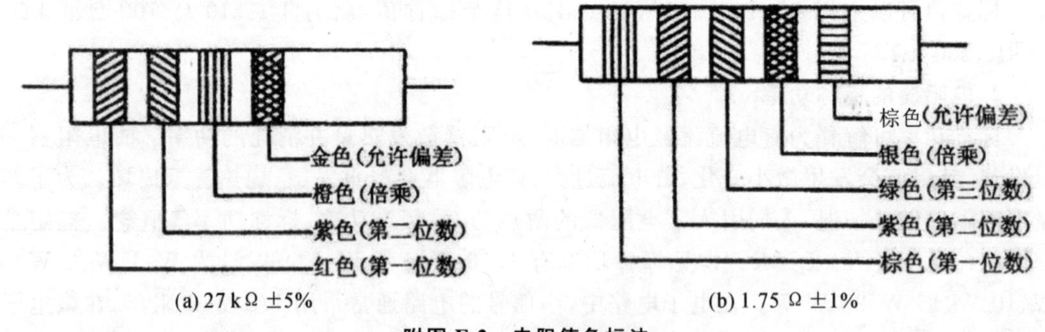

附图 E-2　电阻值色标法

附表 E-1　各种颜色表示的数值

颜色	有效数字	乘数	允许偏差/(%)	工作电压/V
银色	—	10^{-2}	±10	—
金色	—	10^{-1}	±5	—

续表

颜色	有效数字	乘数	允许偏差/(%)	工作电压/V
黑色	0	10^0	—	4
棕色	1	10^1	±1	6.3
红色	2	10^2	±2	10
橙色	3	10^3	—	16
黄色	4	10^4	—	25
绿色	5	10^5	±0.5	32
蓝色	6	10^6	±0.2	40
紫色	7	10^7	±0.1	50
灰色	8	10^8	—	63
白色	9	10^9	+5～−20	—
无色	—	—	±20	—

参考文献

[1] 陈勇将，高明泽. LabVIEW 案例实战[M]. 北京：清华大学出版社，2019.

[2] 盛洪江，毛建东. 基于项目驱动的虚拟仪器开发[M]. 北京：科学出版社，2019.

[3] 杨高科. 图像处理、分析与机器视觉（基于 LabVIEW）[M]. 北京：清华大学出版社，2018.

[4] 邓三鹏，岳刚，权利红，等. 移动机器人技术应用[M]. 北京：机械工业出版社，2018.

[5] 左锋，董爱华. 自动检测与虚拟仪器技术[M]. 北京：科学出版社，2018.

[6] 陈树学，刘萱. LabVIEW 宝典[M]. 2 版. 北京：电子工业出版社，2017.

[7] 赵建伟. 机器人系统设计及其应用技术[M]. 北京：清华大学出版社，2017.

[8] 李伟. 认知建模和脑控机器人技术[M]. 北京：科学出版社，2018.

二维码资源使用说明

PPT 课件

本书部分课程资源以二维码的形式在书中呈现，读者第一次利用智能手机在微信端扫码成功后提示微信登录，授权后进入注册页面，填写注册信息。按照提示输入手机号后点击获取手机验证码，稍等片刻收到 4 位数的验证码短信，在提示位置输入验证码成功后，重复输入两遍设置密码，选择相应专业，点击“立即注册”，注册成功（若手机已经注册，则在“注册”页面底部选择“已有账号？绑定账号”，进入“账号绑定”页面，直接输入手机号和密码，提示登录成功）。接着提示输入学习码，需刮开教材封面防伪涂层，输入 13 位学习码（正版图书拥有的一次性使用学习码），输入正确后提示绑定成功，即可查看二维码数字资源。手机第一次登录查看资源成功，以后便可直接在微信端扫码登录，重复查看资源。

普通高等教育“新工科”系列规划教材
暨智能制造领域人才培养“十四五”规划教材

专业基础课

- 机械制图
- 机械制图习题集
- 电工电子技术（上、下）
- 机械原理教程
- 机械原理课程设计
- 机械设计
- 机械设计课程设计
- 机械设计基础
- 工程材料及其应用
- 材料成形工艺基础（第二版）
- 工程训练（金工实习）
- 互换性与测量技术
- 工程测试技术
- 机械制造技术基础
- 控制工程基础
- 液压与气压传动
- 机电传动控制
- 微机原理及接口技术
- 机械CAD/CAM
- 现代设计理论与方法
- 精密加工与特种加工
- 数控机床与编程
- **NI myRIO入门与进阶教程**
- 机械设计制造及其自动化专业英语
- 车工训练

专业课

- 工业机器人技术基础
- 工业机器人结构与机构学
- 工业机器人传感技术
- 机器视觉及应用
- 工业机器人控制技术
- 工业机器人编程
- 工业机器人系统集成
- 特种机器人及应用
- 智能机器人引论
- 工业机器人技术应用
- 工业机器人技术课程设计

策划编辑 / 张少奇
责任编辑 / 吴　晗
封面设计 / 原色设计

定价：29.80元